装修设计师修炼宝典

装修设计师
入职培训

第一课

歆静 等编著

U0299057

机械工业出版社
CHINA MACHINE PRESS

本书以全新的视角讲述了装修设计师初入职场的工作技能，将专业性较强的知识融会贯通，帮助即将走向装修行业的设计师了解装修的重点以及与客户谈单签单的技巧。书中内容举一反三，覆盖装修设计的全局和细节，同时解剖装修行业的发展需求及如何面对机遇与挑战并存的市场现状，在设计中装修，在装修中销售。本书是装修设计师入职培训不可或缺的全料图书。

图书在版编目（CIP）数据

装修设计师入职培训第一课/歆静等编著.—北京：机械工业出版社，2017.7

（装修设计师修炼宝典）

ISBN 978-7-111-57240-4

Ⅰ.①装…　Ⅱ.①歆…　Ⅲ.①室内装修—建筑设计　Ⅳ.①TU767

中国版本图书馆CIP数据核字（2017）第146784号

机械工业出版社（北京市百万庄大街22号　邮政编码100037）
策划编辑：宋晓磊　　　　　责任编辑：宋晓磊　於　薇
责任校对：孙　丽　潘　蕊　封面设计：鞠　杨
责任印制：李　飞
北京利丰雅高长城印刷有限公司印刷
2017年8月第1版第1次印刷
140mm×203mm·7印张·146千字
标准书号：ISBN 978-7-111-57240-4
定价：45.00元

凡购本书，如有缺页、倒页、脱页，由本社发行部调换
电话服务　　　　　　　　　网络服务
服务咨询热线：010-88361066　机 工 官 网：www.cmpbook.com
读者购书热线：010-68326294　机 工 官 博：weibo.com/cmp1952
　　　　　　　010-88379203　金 书 网：www.golden-book.com
封面无防伪标均为盗版　　　教育服务网：www.cmpedu.com

　　大量刚走出校门的青年设计师对就业感到很迷茫，虽然装修行业的工作比较好找，但是长期工作下去却很难。企业看重盈利，招聘来的设计师要能很快创造效益。不少企业都会对刚走出校门的大学生进行培训，但主要是培训营销方面的内容，专业技能只能依靠学校培养。作为昨天还是学生的设计师而言，这时就需要一本生动详实的范本来指导自己的新工作，避免以后被企业淘汰。

　　现代室内装修设计是一门新兴的学科，它的兴起只是近数十年的事，但是人们早已很重视对自己的生活、生产空间进行安排布置，甚至美化装饰。装修文化源远流长，早在人类文明伊始时就存在了。

　　社会的快速发展提高了人们的生活质量，装修设计也要顺应时代发展的潮流：①室内装修设计要回归自然，一方面人们向往自然，渴望生活在绿色的环境中；另一方面，虽然生活质量提高了，但传统的韵味却减少了。②整体艺术化，随着社会物质财富的丰富，人们想要摆脱厚重的堆积感，要求各种物件之间存在统一之美。③高技术、高情感化：国际上工业先进国家的室内设计正在向高技术、高情感化方向发展，室内设计师需既重视科技又强调人情味，这样才能达到高技术与高情感相结合。④个性化：大工业化生产给社会留下了千篇一律的同一化问题；为了打破同一化，人们追求个性化。⑤服务方便化：城市人口集中，为了高效、方便，国外十分重视发展现代服务设施。装修设计师在设计过程中要以客户为中心，坚持以人为本。

部分刚入职的设计师在碰到问题时都喜欢"索取"，最好有个现成的东西放那儿供他借鉴，这暴露了设计师群体自学能力不足的严重状况。目前，很多高校的培养模式是工具式培养，即让很多学生扮演工具的角色，但在设计的思想方面却显得比较空洞。即使是一名很优秀的应届毕业生，可以独立挑起大梁也多是工作几年以后的事情了。对初入职场的设计师而言，还是需要学习的，应多留心周边的东西和事物，力求打破思维定式和局限。

　　当今社会是一个经济、信息、科技、文化等各方面都高速发展的社会，人们对物质和精神生活不断提出新的要求。相应地，人们对自身所处的生产、生活环境也就提出了更高的要求。要能创造出安全、健康、适用、美观，能满足现代室内综合要求、具有文化内涵的室内环境，需要设计师从理论到实践都认真学习、钻研和探索。

　　本书主要介绍了现代装修设计师从校园步入社会的入职技能，如初入职场面对的问题、装修的各种风格流派、预算报价、装饰材料的选购与施工工艺等，为设计师的后续发展打下基础。本书以循序渐进的方式来引导读者成为一名合格的职业设计师，让初入职场的青年快速进入设计师角色，重点讲解设计师需要了解、学习的实用知识，使读者能更多地了解装修行业，从而快速由一名准设计师转变为熟练的设计师。本书适合即将步入工作岗位的设计专业的学生，也是各类装修设计师、设计助理的必备参考读物。

　　本书还有以下同仁参与编写（排名不分先后），在此表示感谢。

　　向芷君、戴陈成、程媛媛、鲍莹、柯孛、付洁、刘敏、孙莎莎、李恒、肖萍、杨超、施艳萍、杨清、张刚、朱莹、赵媛、高宏杰。

编　者

目　录

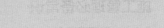

第1章

初入职场露锋芒

装修已经成为很多家庭的大事。在房子装修的时候，大家都会忙前忙后，业主一般会找装修公司，请设计师给出设计方案。这就需要设计师了解装修行情，了解装修的全部流程，才能更好地去设计和营销。

➡ 1.1 装修全套流程

1.1.1 装修前期设计

装修前期要做必要的设计，以防后期遇到各种问题不好解决，这就是设计师的主要工作了。装修设计的自主性特别强，业主的意见才是设计的主旨。设计师只是将各种要求和意见汇集起来，再融入专业的设计知识，对现有的住宅环境重新进行整合包装。设计师的每一个工作环节都要融入业主的要求；没有主旨的设计也就没有灵魂、没有魅力，更不具备可行性。

设计图样是设计必需的材料，待房屋测量完毕后，设计师最好要求业主针对测量信息，向自己提供一些信息，方便定位、定向地进行创意设计。有的设计师会认为自己所画的设计图都是按照业主的要求完成的，没有自己的创意，自己完全变成了一个绘图员，觉得自己的专业被亵渎了，设计毫无品质。其实，系统的装修设计还是有一定深度的，房子装修好了毕竟不是自己住，设计师觉得好的东西，业主不一定喜欢。因此，设计师还是要让业主主动站出来把握设计，根据业主的要求来绘图。背景墙、装饰细节等都是需要在装修前进行考虑。

1.1.2 主体改造

设计图画好之后就是主体改造部分了。有的业主对房屋本身不满意，拆墙补墙是常有的事，这时，施工员就会对着设计图样对房屋进行改造工作，主体改造包括墙体拆改和水电改造，这部分在第 6 章会详细讲解。

一、墙体拆改

拆墙一直是装修中的热门话题，甚至成为装修的代名词，是装修的必修课。拆墙的目的是为了拓展起居空间、变化交通流线，使家居空间更适合业主的生活习惯，但是拆墙又会对建筑结构造成影响，尤其是承重墙。事实上，建筑中的任何隔墙都具有承重的功能，即使是非承重墙也能起到一定的坚固作用，所以拆墙需谨慎。根据设计要求将整面墙全部拆除后，再根据设计要求将需要保留的部分重新砌筑，这样保留墙体的造型会更完整些。

二、水电改造

水电是隐蔽性构造，对安全性要求很高，这部分施工要注意的事项很多，并且水电管线一旦封闭到墙体中就不便再调整了，所以施工前设计师一定要绘制比较完整的施工图，并要向施工现场的施工员交代清楚。电路施工在装修中涉及的面积最大，遍布整个住宅，全部线路都隐藏在顶、墙、地面及装修构造中，因而更需要严格操作。

1.1.3 主体安装

装修中最主要的就是主体安装了，主要流程是

泥工贴砖 → 漆工涂漆 → 厨卫吊顶 → 橱柜安装 → 木门安装
↓
灯具安装 ← 开关插座安装 ← 散热器安装 ← 壁纸铺贴 ← 地板铺设
↓
卫浴五金安装 → 窗帘杆安装

墙地砖铺贴是技术性极强且非常耗费工时的施工项目。一直以来，墙地砖铺贴水平都是衡量装修质量的重要参考依据。木质构造与家具的施工内容最多，施工时间也最长。涂料是装修后期的必备工序，主要包括在木质造型和家具上涂装；此外，还包括壁纸的粘贴。最后的收尾工作主要是安装各种灯具、洁具、地板、成品家具、电器设备等，再搭配一些配饰等装饰品。待所有家具安装完成后，需要带业主进行现场验收。

1.2 助理设计师的工作

一般大学毕业生都是从助理设计师做起，很少有一毕业就是设计师的。助理设计师要协助设计师完成一些与设计相关的虽重要但琐碎的事项，其中包含有：实地测量、放样原始结构图样、客户洽谈内容记录、客户时间节点安排、资料的准备及打印等。

一、实地测量
助理设计师跟随设计师及业主一起到项目现场，进行现场勘察及测量，量房大概需要花费 2~4 个小时的时间，需要对原空间结构、进出口位置、强弱电位置、进排水位置、原有建筑配套设备位置、门窗位置、承重建筑构件位置、建筑朝向、建筑现场材质情况等进行了解，需测量具体尺寸并准确记录。

实地测量所需要准备的工具包括：7.5m 钢卷尺、激光测距仪、空鼓锤、试电笔、A4 绘图板、双色水性签字笔、A4 白纸、相机等。

注：此项可以采用笔记与录音相结合的方式，录音前应征求客户同意。

二、原始结构图绘制

依据现场测量回来的数据，按照设计师要求格式，运用 AutoCAD 进行原始结构图的放样工作，并依照现场情况进行真实标注及备注。

三、客户洽谈内容记录

在设计师与客户进行沟通的时候旁听并认真记录下客户所提出的问题、主张及喜好内容，重点关注的功能、氛围及风格色调，以及其他个性需求等。除了记录客户的需求，还需要同时记录下设计师对客户的回答及承诺，以方便设计师回顾及提醒设计师工作安排。

四、资料整理

在设计师完成一阶段的设计内容时，打印、整理及装订设计师已经确认无误的资料。这些资料包括：方案汇报图样、施工图样、效果图、预估算报价、设计汇报 PPT 或视频文件、材料说明及图册等。

总之，助理设计师应加快自己的 CAD 操作速度，多在私下了解装修的其他内容。当与设计师配合良好时，工作就会很顺利了；同时还要学得谦虚点，协助部门经理做好其他临时性工作；还应了解客户的思想和设计师的思想，主动配合设计师接待客户，协调客户与设计师之间的关系，使其相互配合。

需要熟练操作软件，并能熟练使用打印机。

➜ 1.3 房屋测量的技巧

1.3.1 简便快捷的测量方法

大多数装饰公司都以承接家居装修业务为主，较少从事公共空间装修（简称公装）。每接到装修设计的信息，多数设计师都会上门测量，这是一项非常重要的工作环节。如今很多装修公司都迫于市场竞争压力，开始免费上门测量、绘图、报价，这一系列工作都由设计师、绘图员来完成。测量是首要任务，直接为后期的绘图与报价提供精准的数据。

每个房间的墙面长度都要测量，包括每个立柱的转角长度、门窗宽度、墙体厚度等。即使是两间并列的卧室，也要将长度核实清楚。有的设计师在这个环节上偷懒，导致图样与实际不符，影响预算报价，最后不得不要业主增加工程款，引起不必要的矛盾。上门测量很辛苦，很多设计师都想寻求更简单、更快捷的方法。

现场正式开始测量时，选用优质钢卷尺能获得事半功倍的效果，优质钢卷尺拉伸至 3m 不会弯折，这样单人就能轻松测量 4m 以上的距离，尤其是测量建筑室内层高，就会显得格外轻松。优质钢卷尺的弹力与速度都很均衡，尺上有多重锁止开关，不会划伤手。此外，激光电子尺也是一种很方便的工具，单人单手就可以完成测量并得出数据，而且数据会记录在电子尺中，供随时查阅，测量距离可达 80m。如今，很多设计师都配有这种工具，能大幅度提高测量效率，降低劳动强度。但是激光电子尺也有缺点，即在采光很强的地方无法使用，如阳台、窗台、室外都无法正确获得数据，还需要使用传统的钢卷尺或皮卷尺配合。

除了设备要齐全以外，测量之前，设计师还要向业主或者地产开发商索取建筑平面图，对着平面图直接测量、记录即可。在测量时，有经验的设计师会减少测量部位，不再对每个墙面逐一测量，一个房间就只测量长与宽两个数据，门、窗位置与尺寸全凭经验目测，相邻的房间甚至连长度都不需要测量了，可直接套用相邻房间的长度尺寸。在制图时，如果遇到不清楚的部位，还可以查阅手机拍摄的照片来参考。

1.3.2 测量实用面积

房间内部测量所得到的尺寸，是房间轴线尺寸减去墙体厚度和抹面厚度的尺寸，不能作为面积中的尺寸。也就是说，根据这个尺寸算出的面积并非是使用面积。使用面积是按轴线尺寸除去结构厚度尺寸的房间内部尺寸计算的。一般来说，承重墙体是砖墙时结构厚 24cm，寒冷地区外墙结构厚度为 37cm，混凝土墙结构厚度为 20cm 或 16cm，非承重墙厚度为 12cm、10cm、8cm 不等。一般来说，轴线位于墙体的中间，中间两侧各为半个墙厚；白灰抹面厚度一般为 2~3cm（具体图样中应标注）；测量位置应在距地面 1~1.2m 高处。

1）单层住宅建筑物，不论高度如何，均按一层计算，建筑面积按建筑物外墙勒脚以上的外围水平面积计算。单层住宅如内部带有部分楼层（如阁楼），也应计算建筑面积。

2）两层以上的住宅建筑物，建筑面积按各层建筑面积的总和计算，底层建筑面积按外墙勒角以上外围水平面积计算，两层及两层以上按外墙外围水平面积计算。

3）多层和高层住宅内的楼梯间、电梯井、垃圾道、通风道等均按建筑物自然层数计入总建筑面积。高层建筑物内的技术层（供放置管道设备和修理养护），如层高超过 2.2m，应 100% 计算建筑面积。

4）多层或高层住宅建筑中，突出于房顶围护结构的楼梯间、水泵机房和水箱间、电梯机房等，按围护结构外围水平面积计算建筑面积。

5）突出墙外的门斗，有顶盖和柱子的走廊，檐廊和雨篷，应按柱子的外边线水平面积计算面积。没有柱子、走廊、檐廊、雨篷，按其投影面积的 50% 计算建筑面积。

6）封闭式阳台，按其水平投影面积的 50% 计算建筑面积。

7）室外楼梯无论是作为主要通道还是供疏散之用，均应按每层的投影面积计算建筑面积。

➲ 1.4　设计师的营销

　　在大多数公司，设计师都是按底薪＋提成的方式领取工资，能否与客户签约直接影响设计师的收入。设计师更多带有业务员的性质，这样一来，设计师做的就不再是设计，而是销售。设计师通常是装修业主接触最多的人。一名成功的设计师不仅要懂得室内设计的理论知识，更要懂得营销。只有签单才有项目做，只有签单才会有提成，所以设计师的签单就显得格外重要。

　　设计师约客户见面后，通常先进行自我介绍，接下来是开始讨论、相互摸底，关键的地方就是商量价格，业主通常会讨价还价。

　　专业语言很关键，态度要自信，表达要清晰准确，语言反映的是一个设计师的思维是否敏捷、思路是否开阔等，要让客户在听了设计师的介绍后有一种"听君一席话，胜读十年书"的感觉。完善谈判语言可以提高谈判的成功率。

　　谈判流程要准备充分，第一次来要让客户深入了解公司的企业文化及材料。通过第一次的了解与沟通，第二次来再深入地让客户了解设计及工艺准备。签约前要更好地与客户保持关系，（因为前两次的沟通到位一定会使业主成为朋友，这样方并提高我们把以后的服务做彻底，并提高客户满意度）。

　　客户是乐于交流且很少抵触的。设计师应该用简洁的交流与客户建立互信、融洽的关系，培养职业设计师风范，学会沟通。沟通的目的是为了签约，营销已经不再是从古老的"劝说与推销"角度去考虑，而是从满足顾客需要的新角度去考虑。

小贴士

　　态度决定一切

　　如果你受过教育就会知道，天分是你先天就会做某件事的能力，技能是后天培养和训练的结果，态度则是去做某件事的欲望。如果你的态度有问题，那么即使你有再多的天分和再好的技能也无济于事。态度终将改变一切。高效的交流者非常乐观，他们会相信自己绝不会失败。

　　　　　　　　　　摘自彼得·厄斯·本德《面对面的交流》

第2章

精通各路风格流派

风格流派是一定社会时期装修文化和生活水平的体现，是设计师和业主精神品位的融合。如果装修的风格要上档次并且表现个性，就必须要有一定的风格倾向。任何一种装修风格都不可能是亘古不变的，都需要在历史的进程中不断变化创新。这里就介绍一些时下比较流行的风格流派。

➔ 2.1 现代风格

2.1.1 现代简约风格

现代简约风格就是让所有的细节看上去都是非常简洁的，装饰的部位要少，让空间看上去非常简洁、大气。但是在颜色和布局上，在装修材料的选择搭配上需要费很大的力气。简约是一种境界，不是普通设计师能够设计出来的。简约不等于简单，而是经过设计师深思熟虑后创新得出的设计和思路的延展，不是简单堆砌和随便摆放（见图2-1）。

图2-1 现代简约风格

现代简约风格的基本特点是简洁与实用，在装修中着重考虑空间的组织与功能区的划分；强调用最简洁的手段来划分空间，极力反对装饰；除了居室功能所必备的墙体、门窗外，认为其余的装饰都是多余的；在色彩上采用清新明快的色调。

简约风格的装饰要素是金属构造、玻璃灯、高纯度色彩、线条简洁的家具等。其中，家具强调功能性设计、线条简约流畅、色彩对比强烈。此外，大量使用钢化玻璃、不锈钢等新型材料作为辅材，也是现代风格家居的常见装饰手法，能给人带来前卫、不受拘束的感觉。由于线条简单、装饰元素少，现代风格家居需要完美的软装配合才能显示出美感。

现代装修风格背后其实体现了一种注重生活品位、注重健康时尚、注重合理节约的现代消费观。简约风格告诉我们的就是一定要从实际出发，切忌盲目跟风而不考虑其他的因素。

2.1.2 中式现代风格

中式现代风格又称为新中式风格，它将传统中式风格中的经典元素提炼出来，给传统家居文化注入了新的气息。室内装饰多采用简洁、硬朗的直线条，甚至可以采用板式家具与中式风格家具相搭配。

直线装饰在空间中的使用，不仅反映出现代人追求简单生活的居住要求，更迎合了中式家居内敛、质朴的设计风格。饰品摆放比较自由，可以是绿色植物、布艺、装饰画、不同样式的灯具等。这些装饰品可以有多种风格，但空间中的主体装饰物还应是中国画、宫灯和紫砂陶等。这些装饰物数量不用多，在空间中能起到画龙点睛的作用即可（见图2-2）。

图2-2 中式现代风格

中式现代风格讲究对称，以阴阳平衡概念调和室内生态，选用天然的装饰材料来营造宁静的氛围。使用中式现代装饰风格，不仅需要对传统文化谙熟于心，而且要对室内设计有所了解，还要能让二者的结合相得益彰。中式现代风格非常讲究空间的层次感，在需要隔绝视线的地方一般使用屏风或窗棂、中式木门、工艺隔断，简约风格十足。通过这种新的分隔方式，单元式住宅能展现出了中式家居的层次之美，再以一些简约的造型为基础，添加中式元素，使整体空间感觉更加丰富，大而不空、厚而不重，有格调又不显压抑。

2.1.3 混搭风格

混搭风格是当今最普遍的一种风格设计，"混搭"已经弥漫到了我们生活的各个角落，它代表着当代人的一种生活方式和生活态度。混搭并不是简单地把各种风格的元素放在一起做加法，而是把它们有主有次地组合在一起（见图2-3和图2-4）。混搭风格的室内装修及陈设既注重实用性，又吸收中西方相结合的传统元素，如现代主义的新式沙发、欧式吊灯、东方传统的木雕装饰品同居一室，但搭配协调，令人赏心悦目。这种风格将早几年流行的水曲柳、榉木与现今流行的黑胡桃、白硝基漆饰面相互搭配。在处理格调上应注意各种手法不宜过于夸张，否则会显得零乱。设计师可根据业主的喜好，为其选择混搭风格，在处理上可选择某一地域的文化艺术风格，如将中国传统的屏风造型融合到日本和式住宅推拉门中去。当然，若没有十足把握，则不应添加过多的风格，以免造成混乱。混搭得是否成功，关键要看搭配得是否和谐。

图2-3 混搭风格（一）

图2-4 混搭风格（二）

➡ 2.2 古典风格

2.2.1 中式古典风格

中式古典风格是根据传统建筑厚重规整、中轴线对称等理论来制订的。中国传统建筑结构内容丰富，包括藻井、天花、罩、隔扇、梁枋装饰等，对现代装修均有深刻的影响。老年人及从事教育研究工作的知识分子通常热衷于中式古典装饰风格。中式古典风格的特征很明显，主要采用具有古典元素造型的家具，如博古架、玄关、装饰酒柜、梭拉门等构件，并运用字画等装饰品丰富墙面；可以有选择地买一些仿制明清古典家具，能提升风格韵味；空间色彩沉着稳重，但是色调会略显沉闷，可以适当配置一些色彩鲜艳、质地柔顺的布艺装饰品于装修构件和家具上，会让人感觉到清新明快（见图2-5和图2-6）。

图2-5　中式古典风格（一）

图2-6　中式古典风格（二）

　　中式古典风格的一些室内设计理念，和如今最流行的简约主义很有一些不谋而合之处。中式古典风格给人的感受是历史延续与地域文化一脉相承，它的形象特征象征了源远流长的中华民族文化。中国是个多民族国家，所以中式古典风格实际上还包含各民族的风格（见图2-7），各个民族由于地区、气候、环境、生活习惯、风俗、宗教信仰以及当地建筑材料和施工方法的不同，而具有独特的形式和风格，并主要反映在布局、形体、外观、色彩、质感和处理手法等方面；创造出独特的木结构或穿斗式结构，讲究构架制的原则；建筑构件规格化，重视横向布局；利用庭院组织空间，用装修构件分合空间，注重环境与建筑的协调，善于用环境创造气氛；运用色彩装饰手段，如彩画、雕刻、书法和工艺美术、家具陈设等艺术手段来营造意境。

图2-7　民族风格

小贴士

中式古典风格常用装饰元素：

1）花板主要用于空间隔断，花板的形状多样，有矩形、八边形、圆形等，雕刻内容也丰富多彩。中国传统吉祥图案都能在花板上找到，如福、禄、寿、禧、万事如意等。尤其是四块矩形花板组合，能形成良好的装饰效果，挂置在客厅、书房的墙面上可点缀出典雅的效果。

2）条案以往主要在堂屋中用作供台，长3~4m，台上放置祖先的牌位，逢年过节便烧香拜祭，这体现出中国人的忠孝美德。条案造型很多，尤其是脚的形态很丰富。在现代家居设计中，有些小户型会将条案的规格改小，摆放在门厅，上面摆放一些精致的工艺品，成为家居空间的装饰亮点。

3）屏风由花板转化而来，图案和形式也很多，主要放置在客厅与餐厅之间或厨房与餐厅之间，也可以放在沙发或休闲椅的旁边，具有很古朴的风韵。

4）圈椅与官帽椅是明式家具的代表，一直以来都是中式传统家居的布置核心，也深为具有文化底蕴的现代人所喜爱。这些家具可以购买成品，但价格较高，可以根据经济实力选购。

5）字画最能体现中式古典家居设计风格，一般挂置在书房中。如果有特别喜爱的大幅字画，也可以挂置在客厅中，能营造出书香门第的文化氛围。

2.2.2 欧式古典风格

欧式古典风格主要是指西洋古典风格，是源于古希腊、古罗马的建筑装饰造型，强调运用华丽的装饰、浓烈的色彩、精美的造型来达到雍容华贵的装饰效果。

文艺复兴风格采用古典弯曲腿式家具，装修构造不露结

构，强调表面装饰，多运用细密的绘画手法，具有丰富华丽的
效果；常采用壁画来装饰墙面，室内装修多采用装饰线条，并
饰以白边、金边。

巴洛克装饰风格具有豪华、动感、多变的效果，空间上注
重连续性，追求形体上的变化与层次感。巴洛克风格的墙体和
构造一般都带有一些曲线，房屋四周、走廊上多放置雕塑和壁
画，壁画、雕塑与空间融为一体。巴洛克装饰风格使用曲线、
曲面、断檐的柱式，不拘泥于传统的构图特征与逻辑结构，敢
于创新，善于运用透视原理，色彩鲜艳、变化丰富。

洛可可风格起源于法国，代表了巴洛克风格的最后阶段。
其设计形式大多小巧、实用，不讲究规则逻辑，完全呈现出女
性气势；各种细节设计很精巧，具有很高的技术水平；装饰色
彩上多使用鲜艳娇嫩的颜色，比如白色、粉红色、粉绿色等；
大量运用半抽象题材的装饰，以流畅的线条和唯美的造型著
称；通常使用复杂的曲线，结构上尽量回避直线、直角、阴
影，很难发现节奏和规律。

新古典主义风格是从 18 世纪中期开始发展的，重现欧洲
古罗马时期的艺术造型，只是形态更加简洁。因为运用了工业
革命的成果，所以这种风格虽朴素但庄重。

欧式客厅顶部常设计大型灯池（见图 2-8），并用华丽的
枝形吊灯营造气氛。门窗上半部多做成圆弧形，并用带有花纹
的石膏线勾边；入口处多竖起两根豪华的罗马柱；室内设有真
正的壁炉或装饰壁炉造型（见图 2-9）；墙面最好采用壁纸，
或选用彩色乳胶漆，以烘托豪华效果；地面材料多以石材或地
板为主。欧式客厅非常需要用家具和软装饰来营造整体效果。

深色的橡木或枫木家具，色彩鲜艳的布艺沙发都是欧式客厅里的主角。浪漫的罗马帘、精美的油画、制作精良的雕塑工艺品，都是点染欧式风格不可缺少的元素。

图2-8　欧式古典风格（一）

图2-9　欧式古典风格（二）

小贴士

欧式古典风格的特点主要体现在门、柱、壁炉、灯饰和家具这些元素上。

1）欧式古典的房间门和各种柜门的花线较多，富有强烈的凹凸感，具有优美的弧线。这两种造型相互搭配，效果别具韵味。

2）欧式罗马柱是欧式古典风格永恒的精髓，只要运用了罗马柱，就能使整个家居空间具有特别强烈的欧式古典气息。

3）壁炉也是西方建筑的典型构造，现在壁炉可以购买电能产品，既清洁环保，又不失欧式格调。

4）欧式古典灯具要搭配欧式墙、顶面造型与欧式家具使用，不能孤立地用于客厅、餐厅等开阔的空间，否则效果就很牵强。

5）欧式风格的家具要成套使用，若有沙发、茶几，就应该有相应的壁柜；若有餐桌、椅，就应该有相应的装饰酒柜。

2.3 日式风格

日本传统风格的造型元素简约、干练、色彩平和，家具陈设以茶几为中心；墙面上使用木质构件制作方格形状，并与细方格木推拉门、窗相呼应；空间氛围朴素、文雅、柔和，以米黄色、白色等浅色为主（见图 2-10）。

　　日式家居空间由格子推拉门扇与榻榻米组成（见图 2-11），最重要的特点是自然性，常以木、竹、树皮、草、泥土、石等材料作为主要装饰，既要讲究材质的选用和结构的合理性，又要充分地展示天然材质之美。木造部分只单纯地刨出木料的本色，再以镀金或铜的用具加以装饰，体现人与自然的融合。室内家具小巧单一、尺度低矮，隔断以平方格造型的推拉门为主。

图2-10　日式风格（一）

图2-11　日式风格（二）

日式风格的空间意识极强，形成"小、精、巧"的模式，明晰的线条、纯净的壁画都极富文化内涵，尤其是采用卷轴字画、悬挂的宫灯和纸伞做造景，可使家居格调更加简朴高雅。日式风格的另一特点是屋、院通透，人与自然和谐，注重利用走道吊顶制作出回廊、挑檐的装饰形态，使家居空间更加敞亮、开阔。

在我国家居装修中，局部空间使用日式传统风格设计会别有一番情趣，可以将现代工艺和技法应用到日式风格装饰造型中。在设计中也要考虑到家庭成员的生活习惯，日式风格中的席地而坐并不适合每一个人。

2.4 东南亚风格

在东南亚风格的装饰中，所用的材料大多直接取自自然。东南亚地区炎热、潮湿的气候带来丰富的植物资源，木材、藤、竹成为室内装饰首选。东南亚家具大多采用橡木、柚木、杉木制作，主要以藤、木的原色调为主，大多为褐色等深色系，在视觉感受上有泥土的质朴感（见图2-12）。在布艺色调的选用上，东南亚风格标志性的色彩多为深色系，且在光线下会变色，在沉稳中透着高贵的气息。经过简约处理的传统家具同样能将这种品质落实到细微之处。卧室中常配置艳丽轻柔的纱幔与色彩丰富的泰式靠垫（见图2-13），此外，抱枕也是最佳选择，还可以将绣花鞋、圆扇等饰品挂置在墙面上，也能凸显生活的闲情逸致。东南亚风格是一种使用地域广泛的装修风格，东南亚地区不同国家的装饰特色又有不同。

图2-12　东南亚风格（一）

图2-13　东南亚风格（二）

→ 2.5 地中海风格

地中海风格一般选择自然且柔和的色彩，在组合设计上注意空间搭配，充分利用每一寸空间，集装饰与实用于一体，在组合搭配上避免琐碎，显得大方、自然。地中海风格的特征主要表现为拱门与半拱门、马蹄状的门窗（见图 2-14）。墙面（非承重墙）均可运用半穿凿或者全穿凿的方式来塑造室内的景中窗，这是营造地中海家居风格的情趣之处。地中海风格的色彩非常丰富，以白色、蓝色、红褐色和土黄色相组合。由于光照足，所有颜色的饱和度也很高，因此体现出色彩最绚烂的一面；但是家具应尽量采用色彩饱和度高、线条简单且修边浑圆的木质家具（见图 2-15）。地面则多铺赤陶或石板，马赛克镶嵌和拼贴在地中海风格中是较为华丽的装饰，主要利用小石子、瓷砖、贝类、玻璃片、玻璃珠等素材，打散并切割后再进行创意组合。同时，地中海风格家居还要注意绿化，可以配置小巧的盆栽植物作为局部环境点缀。

图2-14 地中海风格（一）

图2-15 地中海风格（二）

➲ 2.6 美式乡村风格

美式乡村风格是美国西部乡村的生活方式演变到今日的一种风格，它在古典中带有一点随意，摒弃了过多的烦琐与奢华，兼具古典主义的优美造型与新古典主义的功能配备，既简洁明快，又温暖舒适。布艺是美式乡村风格中非常重要的运用元素，本色的棉麻是主流，布艺的天然感与乡村风格能协调得很好，各种茂盛的花卉植物，鲜活的鸟、虫、鱼图案很受欢迎。木质桌椅、碎花桌布、盆栽、水果、壁挂瓷盘、铁艺制品等都是美式乡村风格空间中常用的元素（见图 2-16 和图 2-17）。美式乡村风格的色彩以自然色调为主，绿色和土褐色最为常见，还可以搭配局部壁纸铺设。家具颜色多涂以仿旧漆，式样厚重。

图2-16 美式乡村风格（一）

图2-17 美式乡村风格（二）

2.7 北欧风格

北欧风格是指欧洲北部各国的设计风格。在20世纪20年代，北欧风格设计曾在世界范围内享有盛名，因为其符合了大众的审美情趣，是由设计师为大众服务的设计主旨所决定的。在北欧风格的居室中，室内的顶、墙、地三个面，完全不用纹样和图案进行装饰，只用线条、色块来区分点缀（见图2-18）；在家具设计方面，则完全不使用雕花、纹饰等细节勾画。20 世纪中期，北欧经济迅速发展，居民因此获得了高福利，但他们依然重视产品的实用性，将简单自然的审美观传承了下来。关注用户身心健康的人文关怀是当时设计师的人文情怀，将传统与时尚创新融合得相得益彰是北欧设计师惯用的设计手法。

图2-18　北欧风格

2.8　Loft风格

20 世纪 40 年代的时候，Loft 这种居住方式首次在美国纽约出现，是指由旧工厂或旧仓库改造而成的，少有内墙隔断的高挑开敞空间（见图 2-19 和图 2-20）。

当时，美国的艺术家与设计师们利用废弃的工业厂房，从中分隔出居住、工作、社交、娱乐、收藏等各种空间。在宽阔的厂房里，他们构造各种生活方式，创作行为艺术或者办作品展，淋漓酣畅，快意人生。而这些厂房后来也变成了最具个性、最前卫、最受年轻人青睐的地方。

图2-19　Loft风格餐厅

图2-20　Loft风格办公室

在 20 世纪后期，Loft 这种工业化和后现代主义完美碰撞的艺术，逐渐演化成为一种时尚的居住与工作方式，并且在全球广为流行。

随着互联网的迅速发展，Loft 风格作为一种装修形式，越来越受人们追捧，其最显著的特征就是高大而开敞的空间，上下双层的复式结构，以及类似戏剧舞台效果的楼梯和横梁。在这空旷沉寂的空间中，弥漫着设计家和居住者的想象力，他们跟随自己内心的指引，任意分割这种大跨度流动的空间，打造夹层、半夹层，设置接待区和大而开敞的办公区，使其成为城市重新发展的一种主要潮流。Loft 风格给都市人的生活方式带来了激动人心的转变，对新时代的城市美学也产生了极大的影响。

第 3 章

测量绘图的法宝

设计师要施展自己的才华，需要预先获得施展的媒介，图样就是这个重要的媒介。设计的过程也是绘图的过程，一名优秀的设计师首先是一名优秀的绘图员，几乎所有设计师都在从事绘图工作，只不过工作重心有所差异。测量是前奏，绘图是方式，这些都是激发创意的基础，也是设计师辛勤工作的本质。

➲ 3.1 精确测量是基本技能

设计师测量每个房间的尺寸，测量内容不仅包括空间的长、宽、高，还包括上下水、地漏、暖气、柱子、横梁、空调孔等的位置和尺寸。其实测量也是熟悉建筑空间的过程，能帮助设计师和业主更全面地考虑将来的空间用途和布局，对家具的摆放位置和尺寸有个初步的规划。只有房子的准确尺寸测量出来了，才能进行设计；初步的设计方案出来了，才能选材。若没有空间的准确尺寸，即使选了材料，也会造成不必要的浪费。

一套 100m² 左右的住宅，全部构造测量下来，至少要花上 15 分钟；若少于这个时间，则肯定是有地方没有量到。尺寸测量完毕后，设计师就要进行画图了。初步设计一般只画平面布置图和顶面布置图，再根据这两张图做出预算报价，一般 3 天左右就能通知业主来看方案。

1. 测量的精度

测量是首要任务，直接为后期的绘图与报价提供精准的数据。常规测量工作很枯燥，当进入到一个新的空间后，设计师首先需要找准的是南北朝向、主要房间数量、房间的位置关系，并将这些基本概念记录在纸上；通常就是徒手绘制线框草图，标上门窗位置与朝向，每 100 m² 的空间平均花费 5~10 分钟。如果位置关系不准确，后面的测量就无从下手。然后，开始对所有墙面进行逐一测量，一般从大门的左侧开始，顺时针方向测量。使用 5m 或 7.5m 的钢卷尺，两人协同操作，一人测量，一人记录，将尺寸标注在线框草图上。测量时不放过任何一个细微的转角，哪怕是宽 30mm 的小墙角都应测量并记录下来。在测量的同时，还要记录下给排水管道、强弱电、总开关电箱的位置，尤其要记录排水管的直径与开关电箱的高度。对于落地门窗、外挑窗台、顶面横梁、楼层净空、消防设施都要逐一记录。待全部测量完毕后，要使用手机或数码相机拍照，将各个房间、角度都拍摄下来，便于在后期绘图时补充草图记录。

　　估测是设计师必备的专业技能。由于建筑构造本身存在一定误差，在测量时，将记录的数据写在草图上，最后会发现，各分散尺寸之和并不等于总尺寸。其中的问题就在于我们无法得到每面墙体的厚度，这就需要设计师凭着经验来估测了。在 100 m² 以下的单层空间中，测量的整体误差应当小于 30mm；在 100~200 m² 以上的单层空间中，测量的整体误差应当小于 50mm；在更大的单层空间中，测量的误差应当小于 100mm。当误差大于 100mm 时，会影响后期工程量的计算，最终影响正确的报价。

2. 测量难题

并不是所有设计师都能轻松驾驭测量工作，也不是拥有齐备的测量工具就能轻松完成测量工作。在实际测量中，设计师还会遇到各种预料不到的难题。

弧形与倾斜墙面会给测量工作带来困难，除了将能测量的各个部位的尺寸全部记录下来之外，还要反复观察弧形与倾斜是否规整。最重要的是需要测量弧形两端之间的直线距离，否则在计算机中绘图就会显得很被动。对于这些部位还需要从多个角度拍摄照片，将户型墙面的实际状况记录下来，方便测算施工强度与工程量。

另外就是时间问题。测量 200 m² 以内的单层空间，应该在 20 分钟内完成全部测量与记录工作，否则在场的业主会认为设计师业务不熟练。业主除了等待测量结果，还会提出自己的装修想法，而且很多想法都是现场随机想到并提出的。这些都需要设计师记录下来。测量与数据记录要求同步进行，这很容易出错，因而对设计师的综合素质是一项极大的考验。多数单独上门测量的设计师会提前打开手机的录音功能或随身携带1 支录音笔，这样能更好地集中精力于测量。

对于特别复杂的商业、办公和展示空间，不是一名设计师就能全面且妥善地测量下来的，还需要 2~3 人协助，花费的时间也很多。到了最后，经常会感到很疲惫，忽略很多细节尺寸，给后期绘图带来不必要的麻烦。在诸多测量难题中，设计师的体力和耐力是难以突破的难点，因而经常参加体育锻炼的男设计师很受大型装修公司的青睐。

→ 3.2　草图构思与创意

3.2.1　创意来自于生活

创意是装修设计的首要步骤。目前，中国的设计产业还有很多东西需要基础，在我们的生活还处于基本水平时，人们就没有渴望太多的创意。灵感与创新是设计师们一直都需要不断挑战和解决的问题，一切装修设计的美学形式和人文氛围都要依托于空间这个物质载体而得以实现。因此，装修设计必须对空间进行充分的理解和认识，将创新设计的理论充分运用到创意设计的实际活动中去。

不少设计师经常奔波于全国各地，或是考察装修现场，或是指导施工。每次外出，他们都会选择不同档次的酒店入住，观察这些酒店的装修状况与配套设施，甚至专挑主题酒店与民俗酒店，每次入住都是一次经验的积累。新开业的酒店、餐厅、商场、地产样板间也都是设计师经常光顾的地方，他们在这些场所既消费又学习，将自己的生活完全融入工作中，同时也从工作中品味生活。在生活中，设计师们经常把握各种细节，路过一家咖啡店、西饼店、专卖店，哪怕就是不想消费，也会进去看看，找个角落坐下，静静地观察店内的一切，必要时还会用手机将场景拍摄下来。可能拍摄的图片回去不会再看，只是习惯性地将图片存入电脑。某一个项目，当装修消费者希望达到类似效果时，设计师便会将以前拍摄的图片重新调出来，仔细观察。设计灵感便随即而出，想象力就会得到无边界拓展。

对于设计师而言，拥有广泛的兴趣爱好有利于形成一个愉

悦的精神状态，利于创意灵感的出现，因为兴趣会促使他们去
获得知识，对某一领域的研究会更有兴趣，从而自然而然地留
意工作、学习和日常生活中与之相关联的事物。摆脱习惯性思
维束缚是创造灵感的另一个有利条件。人们常以固有的习惯性
思维模式，来对某些事物的目前状态做出判断，思维方式的不
同决定了对事物认识表现上的差异。在装修设计创意中，我们
应该打破常规、换位思考，这对摆脱习惯性思维很有帮助。喜
新厌旧，不见得完全就是坏事。阶段性地考虑老问题，可能就
会产生出许多新思路，也许能找到很多解决问题的办法。

3.2.2　设计紧跟时尚潮流

装修的创意设计已经成为全球化的发展趋势，也是新时
代发展的必然要求，如何正确理解和掌握现代空间的设计与创
意，这就需要设计师具有艺术家一样的思维，其设计过程也同
样需要艺术家式的敏锐和激变。创意设计是以创新为基础、以
实践为手段、以未来需求为导向的思维过程。无论是在理论上
还是在实践中，都要在可操作的基础上大胆设想，努力实现其
设计创意所追求的目标，并将建筑技术、经济要素、材料、文
化艺术要素、生活方式等诸多因素引入到装修空间的创意设计
之中，直至将创意设计转化为具有可操作性的设计理念和设计
成果。不仅要将创意设计更好地运用到人们的生活中，还要向
更高层次发展。

在人类历史发展进程中，社会意识形态在不断变化，随
时把握这种变化的脉络，才能去适应它，使自己的行为与社会
发展保持一致。从设计文化发展来看，当今世界已从现代主义

和国际主义单一的设计风格走向多元化的后现代设计风格，设计观念意识在思维模式上已发生了很大的变化。作为一名设计师，如果仍然固守 20 世纪 80 年代以前的现代主义的设计观念，就必然会把自己放在一个无所适从的境地中，扮演一个用过去的观念面对今天的受众，并解决未来的问题的尴尬角色。

创意设计不仅仅是传达信息，还可以提供一种生活的角度，启发人们开始审视自己的生活方式。也许设计加剧了本来就无法控制的消费主义，但同样有能力帮助改善人性。人们常说心情是可以传染的，健康、积极、乐观的人带有正能量，他们可以将正能量传递给与其相处的人，并将这种快乐向上的感觉传染给大家，让大家倍感舒服。家居生活其实也一样，良好的居住环境往往能影响生活在这一空间的人。

很多装修消费者在新装修的空间里感到，虽然家具样样齐全，但总觉得缺少什么，或者总觉得空间不够有生气，其实注重装饰细节就可以改善这一局面。色彩亮丽的装饰小物不仅可以增加空间的生气，又可以带来与众不同的感官体验，不过色彩的搭配与细节装饰不宜与整体风格相矛盾。

设计创意除了一时迸发的灵感外，还需要缜密的思维。停留于外观的设计手段都太过简单，是设计师必须具备的基本能力，而在设计构思之初对每个项目背后的文化、历史、地理、人文的思考才是一个设计项目的灵魂所在。从字面上理解设计二字，"设"是设想、理念、创意等最初的一种想法；"计"是把想法做出实施的计划，用一种具体方式表现出来。设计是对一个项目进行理解、展开、设想、实施的过程。

3.2.3 手绘是基础

所谓："工欲善其事，必先利其器"，在装修设计中，有了绘图基础才能将大脑中的创意完美地表达出来，手绘是快速勾勒创意的方法，而其他制图软件则是更精确而又更真实的效果表达方式，无论使用什么利器，最终目的都是为了使方案更加完美。随着专业设计软件日益普及，其快捷性、直观性和科学性使计算机辅助设计受到了大多数设计师的青睐。设计师们不断享受科学技术为行业所带来的优势；同时，诸多现象也表明，设计师自身的多种能力和专业素养在渐渐地丧失，懒散、浮躁、肤浅、抄袭等习性的养成限制了大多数设计师的出路。今天，手绘图绘制在装修设计中对设计师提升专业能力和修养显得十分重要。

1. 视觉笔记

视觉笔记是设计师的图形手记，是与文字记录相对应的图形记录，它的内容以记录视觉信息为主。记录视觉笔记要求设计师具有独立的观察力、好奇心和持之以恒的毅力。随时随地记录与装修设计视觉相关的内容，才能够提高视觉敏锐性和表述性，提高专业视觉修养。视觉笔记不仅仅是记录所见所闻，还是对偶发灵感的记录。这与照相机的相片记录有很大差别，著名建筑设计师勒·柯布西耶曾经说过："照相机阻碍了观察。"因为照片是对所见物的静态记录，而视觉笔记则是对事物的能动性观察，它可以从不同的角度来表现物体，甚至通过移动、旋转视角来表达所不能见到的东西。因此，视觉记录可以为我们提供信息符号的载体，信息之间相互激发又能产生新的联想与想象。每一次记录视觉体验都可以提高一个人的观察力，长时间的积累就形成了有价值的信息资料。设计师也在这一长期的记录过程中提升了视觉修养，而视觉修养就包含了视觉敏锐性和视觉表达性，这也是很多设计师所缺失的能力。

2. 设计草图

设计草图是设计师在设计过程中，通过瞬时记录和方案推敲绘制的"不正规"的设计图稿。设计师通过线条图形来直观地表现内心意图和理念，同时也为客户与项目实施者提供信息交流、传递设计构思的符号载体，设计草图具有自由、快速、概括、简练等特点，是创意设计的体现。设计师在绘制设计草图时能抛开许多细节和绘图工具的束缚，迅速捕捉到思维"闪光点"，将灵感记录下来，并快速进行细节及可行性推敲、完善与设计比对。设计草图还有一个作用，就是对环境空间进行周全、系统的设计。在最初的构思阶段，设计师可以将各个区域的结构、功能分区等草图一张张记录下来，然后对这些草图进行理顺、分析、对比，最后综合起来形成完整的设计草案。从头至尾，每个细节都是用草图来推敲完成，方案一经确定后就可以制作施工图。设计草图能使设计师对整个设计意图的发展有全方位的把握。

➡ 3.3 开始制图

3.3.1 软件多面手

使用计算机绘图是所有设计师必备的技能，会用一种绘图软件不难，难在掌握多种绘图软件。在装修设计中用得最多的软件当数 AutoCAD 与 3dsMax（简称 3d），其他必要的软件还有 Photoshop、CorelDRAW、Sketchup 等。此外，还需要熟练掌握常规的 Office 或 WPS 办公软件。一名设计师熟练掌握这些软件至少需要花费 10 个月的时间，而且还需要通过长期实践来巩固操作技能。

这些软件有各自的专长，相互之间不可被取代。AutoCAD 用于绘制各类方案图、施工图，使用频率最高，打印输出的白纸黑线图样装订后会显得很有分量，能应对各种装修施工。操作 AutoCAD 的设计师要求熟悉装修构造与材料，深入了解国家制图标准。3dsMax 用于绘制空间效果图，用于表现设计空间的立体感与空间感，绘制的图样色彩丰富，但是要获得唯美逼真的效果则需要时间较长，非常考验设计师的耐心。Photoshop 用于拍摄照片与处理装修效果图，能修饰图片的瑕疵，使图片显得更唯美。CorelDRAW 用于效果图的辅助绘制，能轻松制作和修改各种贴图与材质，还能用于投标文件的排版，用途很广泛。Sketchup 用于基础创意设计，能快速创建虚拟空间环境，与客户展开交流，但是图片效果一般，需要和 AutoCAD、3d 配合使用。

这些软件的基础应用操作并不难，在更多的实际要求下，要做出指定的效果，还需要使用一些配套的独立插件。这些小软件又各自形成独立体系。一名设计师若要全面掌握这些软件，并形成个人能力，需要至少 3 年的磨砺。

3.3.2 敏锐的思维

使用计算机制图要求设计师具有敏锐的思维，这是提高绘图速度的关键。以最常用的 AutoCAD 为例，当设计师绘制第

1 条线时，就应该想到第 5 条线绘制在哪里、该怎样画。当设计师绘制第 1 张图时，就应该想到第 3 张图绘制什么内容，它与第 1 张图是什么关系。这样才能马不停蹄地绘制，提高绘图效率。熟练的设计师在工作时，双手会在键盘与鼠标上不停地敲击，速度之快令人眼花缭乱，这需要敏锐的思维来支撑。

设计师在工作时，不能被外界干扰。不少新入行的设计师喜欢边听音乐边绘图，但这很容易干扰正在高速运转的思维，降低工作效率。设计师的头脑与计算机相比，应该转得更快一些，因为人在操作计算机时，人占据主动地位，是领导者；而计算机是被操控对象，接受人的指令后才去完成后台更复杂的操作。因此，只有发挥设计师的最大能力来操控计算机，才能获得最高的工作效率。

3.3.3　图样修改

刚入行的设计师很讨厌修改图样，比如自己千辛万苦画好的图，却被领导与客户指出各种问题，被迫去进行永无止境的修改。使用计算机绘图软件修改图样并不轻松，仅仅是修改局部细节可能会花费绘制 1 张图样的时间。改图成为不少设计师的噩梦，但经过时间的推移，设计师会了解其中的修改规律，当再被要求修改图样时，会将图样受到批评的部位进行简单绘制或根本不绘制，等到待接到新的修改意见后再绘制。交给领导和上级看的图样一般不标注尺寸和文字说明，待修改后再统一完善。有经验的设计师对修改图样并不在乎，他们在乎的是客户的意见和态度，多次修改会让客户对设计师与公司丧失信任，拿不到提成才是最可悲的。当修改与再修改成为家常便饭时，设计师会逐渐成熟起来，修改的次数也会因此而减少，效率提高了，收益也就增长了。

➲ 3.4 火速解决效果图

设计师会运用多种表现形式，并通过钢笔、铅笔、马克笔、水彩等工具绘制出具有空间透视感的具象图像，其中包含建筑结构布置、色彩、光影、材质等诸多信息。手绘效果图在设计过程中能在具体设计实施前对设计结果有直观和形象的预见，这在装修设计中有着非常重要的作用。

在科技水平飞速发展的今天，大多数手绘效果图被电脑制图所替代。电脑制图是科技发展的产物，但也有一定的局限性，因为它只是一个工具，而不能像手一样灵巧，不能快速、准确地将设计师的灵感表现出来。手绘效果图在装修设计中的应用主要在于手绘的艺术感染力，其创作过程凝结了构思与表现、感性与理性、客观与主观等众多本质因素。作品形成后，这些因素都转化成了物化的审美对象。手绘效果图的表现技法多种多样，从某种程度上来说，一幅效果图取决于作品的表现技法。一名设计师必须选择适合自己的绘图特点，绘制特点又来自对线条的理解及其表现。线条可以遵循客观对象的形体特征，还具备独特的形式美因素，如粗细、松紧、虚实、曲直、急缓等。最终完成的手绘效果图是既有客观写实，又有艺术感染力的综合画面，电脑制图是无法完全替代的。

设计师的生命在于不断创造，而创造的根本在于设计师深厚的修养，这其中不仅包括生活实践、文化思想修养和艺术审美情趣，还包括强有力的艺术技能要求。对于设计师而言，拥有无限设计创意思维和快速表现技法，不但可以实现设计的需要，同时还能有效提升个人修养。长期坚持手绘可以帮助设计师迅速提升捕捉形象的能力、深入刻画的能力以及取舍的能力，这些能力无疑是掌握手绘图的关键。手绘图在个人电脑与专业软件普及的今天，已逐渐成为每位优秀的设计师进行自我衡量的标准，画好手绘图要比使用电脑制图付出更多的艰辛和努力，但是我们还是要强调手绘图的重要性，还要继续深入发展，因为它充分体现了装修设计的原创精神、艺术感染力与设计师的自身素养。

3.5 设计方案的包装

3.5.1 创意与设计

好的装修离不开好的设计，巧妙的设计往往可以让装修空间变得让人眼前一亮。有的人喜欢静止规整，有的人喜欢流动变化，这只是品位的不同，无所谓优劣。人类的大脑就像地球的运动一样，每天都在飞速地旋转。只要想得到，就一定有人能做得出来。至于是否有幸能看到，那只是时间问题。在装修中，大家常常墨守成规或是简单地模仿，甚至认为这是一个苦力活。其实只要全身心投入，并且把自己对空间的构想完美地表达出来，装修也是件非常快乐的事情。在装修设计中，很多客户要求的创意是无法直接实现的，设计师要拿捏好这个"不可能"，如果把它夸大了，做出来的东西就是不适合的。一定是把完全的不可能去掉，但同时保留适度的不可能。很多人抱怨中国没有真正的设计师，这只是大家理解不一样，在适当的时机，适当的市场做适当的事情，未必不是好的设计。

3.5.2 小设计大世界

现在的房价很高，能买得起中小面积的住宅、办公室和店面已经很不容易了。在小空间内要满足正常的生活起居需要经过仔细设计，才能获得实用的环境。设计不能将原有的空间面积变大，但却可以对空间中的布局进行优化组合，将使用频率高的空间筛选出来放在首位，再将使用频率低的空间缩小，依附在使用频率高的空间旁边，营造出小设计、大世界的使用环境。

现代住宅的卧室越来越小，放下一张 1.8m 的床之后基本就不再有宽松的活动空间了。衣柜、梳妆台、床头柜、电视柜、座椅或沙发都要精打细算，或者要经过筛选后再摆放。而当筛选得只剩下床头柜和衣柜时，床的相邻两边可能会被考虑靠墙摆放，这也就失去了 1.8m 床的正常使用功能。要想将 1.8m 的床放置在中央，可以将其中一个床头柜设计成梳妆台，衣柜可以单薄一些，厚度 500mm 就够了。电视机可以使用活动支架吊挂在顶面，座椅沙发可以换成凳子贴着床或床头柜。在空余墙面上适当设计储物搁板或吊挂的壁柜。这样一来，1.8m 床作为主要的使用功能就能满足了，其他功能虽然有所缩水，但都能正常使用。

闹市街头的商业店铺也不便宜，无论是租赁还是购买，都是笔不小的开销。凡是预留给排水的店铺，都会布置一处卫生间，无论是供店员使用还是供顾客使用；都会是一种良好的营销方式。但是卫生间面积大了，就会影响正常的营业面积。店面的卫生间面积一般是整个营业面积的 5% 左右，最低不会低于 2 m²，蹲便器、洗手台是最基本的配置。因此，大多数设计师会将蹲便器占据的空间保留完整，形成方正的矩形空间，而洗手台可以放在门外角落，这种分离式设计能满足更多店面的使用需求。

作品是有生命力的，一位设计师其实就像一位诗人，线条之间能描绘出我们所生活的这个世界。

➡ 3.6　方案沟通侃侃而谈

室内装饰规划是门深奥的学问，设计师在与客户沟通时要注意一些问题。面对不同客户的不同要求，刚入行的设计师不必着急，下面将介绍一些常识，懂得这些后再面对客户，便也能侃侃而谈了。

3.6.1　良好的沟通态度

我们在洽谈时要有十足的底气，也就是要自信。设计师的自信带给客户的感觉是你行，当你自己都没什么把握或者犹豫不决时，你的印象分就会很低！这是防止被客户否决的必要条件。当你说错的时候，要么主动承认口误；要么坚持错误，并且不要让客户发现这个错误，在客户进行咨询时，有的设计师会机械性地回答客户的问题，没有一点专业性，这样也会丢失客户。

良好的自我形象对客户的影响也是很深的。应注意自己的外表、穿着和外在形象，因为自信心和自我形象与能否与客户签单有直接关系。我们所面对的绝大部分客户，几乎都是对家装行业一无所知的纯外行，设计人员要想尽快地说服客户，就必须详细了解客户的消费心理，善于引导客户的消费心理，从而利用客户尚不成熟的消费心理来达到良好的营销目的。有的客户有一定的装修知识，能够冷静地思索，沉着地观察设计师，他们能从设计师的言行举止中发现端倪和态度，这种顾客总给设计师一种压抑感。有些顾客讨厌虚伪和做作，他们希望有人能够了解他们，这就是设计师所应努力争取的目标；这些顾客大都冷漠、严肃，虽然与设计师见面后也寒暄或打招呼，但看起来都冷冰冰的。部分客户对设计师持一种怀疑的态度，当设计师进行方案说明时，他们看起来好像心不在焉，其实他们在认真地听，认真地观察设计师的举动，在思索这些说明的可信度，他们同时也在思考设计师是否是真诚且热心的，以及这个设计师值不值得信任。这些顾客对他们自己的判断都比较自信，他们一旦确定设计师的可信度，也就确定了交易的成败，也就是说，推销给这些顾客的不是装修本身，而是设计师自己。如果顾客认为设计师对他真诚，可以与他交朋友，他们就会把整个心都给设计师，这笔交易也就成功了。

形象、技能、口才都很重要，但是，坦诚是每个有血肉的人都期待的，让客户能感受到设计师的坦诚比什么都重要。成功的方法不是你做得有多好，而是使客户相信你。

3.6.2 明白客户需求

了解客户的消费心理，首先应该了解客户前来咨询的目的。在面对客户时，心里要牢牢记住自己是一名专业的设计师，不要被客户牵着鼻子走，这是设计师在回答客户咨询时必须遵循的原则。如果设计师采用一问一答的方式机械地回答客户的一些问题，那么沟通时间很快就结束了；如果设计师能够做到"问一答十，甚至问一答二十，乃至三十"，那么这名设计师就塑造了成功的咨询模式。

总之，如果你能在与客户交流中占据主动地位，就一定能够在瞬息万变的装修市场上创建出一块属于自己的领地。

设计师要从客户的角度去考虑，客户来到公司需要怎样的服务，了解客户的侧重点是设计、施工还是价格，然后从客户的角度出发展开工作。与客户换位思考一下，如果是准备进行家庭装修的消费者，首先要考虑的是资金使用问题，然后会考虑工程质量能否得到保证，再往后还会考虑到设计问题，这是一个家庭装修消费者标准的思维方式。了解了客户真正的消费需求，设计师也就应该有了相对应的营销策略。不是设计师满足了客户的期望值，而是设计师满足客户的期望值大于所有对手的付出。所以，在服务、沟通、设计能力、施工等方面要尽最大的能力做到最好。虽然设计师很累，但这就是工作，当你满腹牢骚的时候，别人也许正在创新。

第4章

精通装修预算报价

设计师的工作不仅是设计绘图，精通装修预算报价也是必要的职责。现在的装修项目多，材料和技术工种也多，不可能对每一样都精通，但是仍然要着重关注装修流程，在设计图样时也要关注一些材料和某些装修工艺，这样才能更明确装修预算报价。

4.1 预算报价

预算和报价完全是两个不同的概念。从字面上就可以分析得到，预算是指预先计算，装修工程还没有正式开始所做的价格计算，这种计算方法和所得数据主要根据以往的装修经验来估测。有的装饰公司经验丰富，预算价格与最终实际开销差不多；而有的公司担心算得不准，怕亏本，于是将价格抬得很高，加入了一定的风险金，而这种风险又不一定会发生，所以风险金就演变成了利润，预算就演变成了报价，报给业主的价格往往要高于原始预算。现在，绝大多数装饰公司给业主提供的都是报价，这其中隐含利润，而如果将利润全盘托出，又怕业主接受不了，另找其他公司。所以，现在的价格计算只是习惯上称为预算而已，实际上就是报价。

4.1.1 直接费

直接费是指在装修工程中直接消耗在施工上的费用，主要包括人工费、材料费、机械费和其他费用，一般根据设计图样将全部工程量（m、m^2、项）乘以该工程的各项单位价格，从而得出费用数据。

1）人工费是指工人的基本工资，需要满足施工人员的日常生活和劳务支出。

2）材料费是指购买各种装饰材料成品、半成品及配套用品的费用。

3）机械费是指机械器具的使用、折旧、运输、维修等费用。

4）其他费根据具体情况而设定，例如高层建筑的电梯使用费、增加的劳务费等，这些费用将实实在在地体现在装饰工程中。

以铺贴卫生间墙面瓷砖为例，先根据设计图样计算出卫生间墙面需要铺贴 18.6 m² 的墙面砖，铺贴价格为 50 元 /m²，这其中就包括人工费 20 元 /m²、材料费 18 元 /m²、机械费及其他费 12 元 /m²，但是瓷砖由业主购买，不在此列，所以以计算方法为 50 元 × 18.6 m²=930 元，即铺贴卫生间瓷砖的费用为930 元。

直接费的价格后面是材料工艺与说明，这里面一般会详细写到该施工项目的施工工艺、制作规格、材料名称及品牌等信息，文字表述应该越详细越好。设计师在跟客户交谈时要将这些费用讲清楚。

4.1.2　间接费

间接费是装饰工程为组织设计施工而间接消耗的费用，主要包括管理费、计划利润、税金等，这部分费用是装饰公司为组织人员和材料而付出的综合费用，不可替代。

1）管理费是指用于组织与管理施工行为所需要的费用，包括装饰公司的日常开销、经营成本、项目负责人员工资、行政人员工资、设计人员工资、辅助人员工资等。目前，管理费收费标准按装饰公司的资质等级来设定，一般为直接费的10%~15%。

2）计划利润是装饰公司作为商业营利单位的一个必然收费项目，为装饰公司以后的经营发展积累资金。尤其是私营企业，获取计划利润是私营业主开设公司的最终目的，其利润一般为直接费的10%~15%。

3）税金是直接费、管理费、计划利润总和的3%~5%，具体额度以当地税务机关的政策为准。凡是正规装饰公司，都有向国家缴纳税款的责任与义务。

严格来说，间接费应该独立核算，且直接费中是不能包含间接费的。但管理费和计划利润加在一起若达到20%左右，很多业主接受不了。于是，很多中小型平价装饰公司收取的管理费都少于5%，计划利润与税金则干脆不收。但事实上，他们是将管理费和计划利润融入了直接费中，直接费中隐含了管理费与计划利润，这样预算就演变成报价了，这也是预算与报价的根本区别。至于不收税金就不开发票，如果有工程质量问题，业主就很难维权；如果竣工时给业主开发票，装饰公司就会增收5%以上的税金，这也高于国家法定税金标准。

小贴士

费用计算方法

1）计算出直接费：依次计算出所需的人工费、材料费、机械费和其他费之和。

2）计算出管理费：管理费＝直接费×（10%~15%）。

3）计算出计划利润：计划利润＝直接费×（10%~15%）。

4）计算出合计：合计＝直接费＋管理费＋计划利润。

5）计算出税金：税金＝合计×（3%~5%）。

6）计算出总价：总价＝合计＋税金。

➡ 4.2 报价方法与核实

凡是在家装公司工作过的设计人员几乎都会遇到一个普遍性的问题：无论怎样尽心尽力地为客户精打细算，客户总是嫌工程报价太高。这个问题已经成为严重影响设计人员与客户合作成功的极大障碍。解决好这一问题，不仅可以快速提高设计人员的销售业绩，还能提高公司的知名度。下面就介绍在装修报价中有哪些方面需要核实。

4.2.1 核实装修报价

决定预算报价高低的因素包含：材料的规格档次、装修设计使用功能、施工队伍的水平、施工条件好坏和施工场地的远近、施工工艺的难易程度等。工程报价应遵循实事求是的准则，任何一份不切实际的报价单，都将导致合作失败。装修报价有哪些地方需要核实，让我们来揭开它的面纱。

1. 核实装修报价中的"加法"

"加法"是指有些装修公司在初期报价很低，但在与客户签订装修合同后，往往会有很多增项，有些甚至是设计师故意丢项、漏项。如本来是和设计师谈好的内容，然而合同中没有注明，客户又没有注意到，那么尽管签订装修合同时价格并不高，但等到工程竣工时，却增加了很多内容，花销也会随之增加。最常见的"加法内容"包括：在签订合同前，装修公司并不报清水、电路改造的价格，不分明暗管，而在最终的结算中却全部算最高价；或在水路、电路改造施工时，有意延长管道的长度，消费者因此受到额外损失。

2. 核实装修工程中的"减法"

"减法"是指施工人员偷工减料。消费者一般对木工、瓦工、油工等这些看在眼里的常规项目较为注意，但对于隐蔽工程和一些细节问题却知之甚少。如上下水改造、防水防漏工程、强电弱电改造、空调管道等工程，这些很难在短时间内看出来，不少施工人员就在此方面做文章。

3. 核实装修报价中的"分项计算"

有些公司表面做得比较正规，但却将某一单项工程随意地分解成多个分项工程，按每一个分项工程分别报价。

4.2.2 成本核算是关键

成本核算是装修报价核实的关键。应根据生产方式确定成本核算的方法，常用的方法为：品种法、分批法、分步法。实际运用中，这三种方法可以相互结合。如果公司具备完善的信息管理制度，如 ERP 等数据管理软件，而且运行良好，那么对成本核算的细节会有一定的帮助。

1）基本资料收集，生产工艺流程标准及材料用量标准，这些都是制定实际生产成本分配标准的重要参考资料。

2）制定车间材料领、用、存明细表，主要材料的统计，关键是要根据确定的成本核算方法设定统计表的项目格式，或按订单统计，或按产品品种统计，或根据生产步骤统计，或三者结合。

3）仓库材料进、出、存明细表是成本报表的重要采用数据，应仔细核查仓库中材料的进、出、存明细表，并检查车间领、用、存明细表是否正确。

4）员工工资明细表，人工成本原始资料，关键是要分部门统计，如果有计件工资更好。

5）制造费用明细表，按部分统计，这个在原始单据最初入账时都要按部门记账，这个是分步法成本核算的基础之一。

4.2.3 精确测量面积

1. 房屋面积测量准确，才能将材料物尽其用

一般材料的计量单位有 m、m^2、项。m 一般用来计量像边角线这种宽度很小的材料。像瓷砖、板材这种比较规则的材料则用 m^2 来计算面积。有的不规则的瓷砖等材料也用 m^2 来计算，比如一块不规则的瓷砖，可先将它的边角补全，按照正方形或者矩形的面积计算，再根据自己的经验抹去一些损耗的面积，就可以得出一块不规则瓷砖的面积。而项就是用来计算比较大的、复杂的房屋构造面积，比如背景墙这类的面积。每个地方的计量标准不一样，要根据当地的实际情况计算。

2. 如何计算瓷砖用量

瓷砖可以按块出售，或者按平方米出售。购买瓷砖前应计算要铺贴的面积，在计算好实际用料后，还要加上一定数量的损耗。瓷砖包装箱上会列明一箱瓷砖可铺贴多大面积。粗略计算起来，80m^2 的面积可按 223 块约 600mm 规格的瓷砖或 125 块 800mm 规格的瓷砖计算；算出总数之后，应加上一定的备用数量，因为铺贴时难免有损耗。此外，选购素色的瓷砖时可考虑加入一些有鲜艳颜色的瓷砖加以点缀，可先对贴瓷砖的墙面进行设计，这样估算数量就简单了；也可以将纸剪成瓷砖大小贴在墙面，这样虽然花费时间，但可以看出铺贴的效果，同时使计算出的用量更加准确。

瓷砖选购用量计算方法（单位：m^2）：

粗略计算：用砖数量 = 房间面积 ÷ 地砖面积 ×（1+3%）（3% 为损耗率，不同房型，损耗率不同，一般为 1%~5%）

精确计算：用砖数量 =（房间长度 ÷ 砖长）×（房间宽度 ÷ 砖宽）

每块砖损耗面积 = 长 × 宽 × 损耗率

市面上常见地砖规格有 600mm×600mm、500mm×500mm、400mm×400mm、300mm×300mm。

以长 3.6m、宽 3.3m 的房间，采用 400mm×400mm 规格的地砖为例：用砖数量 =（3.6÷0.3）×（3.3÷0.3）=132（块）

选购瓷砖时最好是购买同一批号的箱装瓷砖，以避免颜色的不同。地面地砖在核算时，应考虑到切截损耗、搬运损耗，可加上 3% 左右的损耗量。铺地面地砖时，每平方米所需的水泥和砂要根据原地面的情况来确定。通常在地面上铺水泥砂浆层，其每平方米需普通水泥 12.5kg、中砂 34 kg。

3. 与客户的沟通

在铺贴瓷砖的过程中，会有整块整块的铺贴，但也有因为空间问题需要裁切的，这样就会产生损耗，而损耗费却算在整块瓷砖中。这时业主可能就会不高兴了，因为剩下的瓷砖可能没法用，自己没有用到那么多材料却要付出那么多钱；业主还会想到，会不会是装修公司再拿去卖给别人。设计师可以告诉业主详情，瓷砖是因为空间有限需要裁切，必然会有所损耗，而且已被裁切过的瓷砖没办法再进行二次销售；另外，每个人的装修风格都不同，遇到同样需要这种瓷砖的业主会很难，而且即使遇到了，最后瓷砖可能因为放置时间过长而变旧，就没有使用价值了。所以瓷砖损耗费由业主负责是有道理的。

4.3 讨价还价，乐此不疲

4.3.1 真诚对待客户

作为设计师，当客户跟你谈价的时候，你怎样跟客户周旋呢？怎样跟不同的客户讨价还价？这里面的学问还真不小，下面就介绍一下。

第一种是要求客户报出自己对于装修房子打算投入的预算后，装饰公司再结合客户的要求，开始设计和报价；第二种是客户提出对于自家装修的要求与设想等，再由装饰公司综合考虑后报出达到业主的要求到底需要花多少钱。

装修报价是装修中不可避免的一部分，有的客户不懂这其中的道理，无论怎样精打细算，他都觉得报价太高，这是设计师最苦恼的地方之一。其实，所有正规装修公司的利润率都差不多，只是设计力量和售后服务质量的高低有所区别，只需要给业主把这方面讲清楚就好了。

在设计师的设计达到客户的要求以后，设计师可以为客户讲解一下自己的设计方案，仔细为他们分析报价单中的单价与材料用量是否合理，因为很多客户对这方面不了解。不要把已经淘汰的工艺和做法写进预算中。

4.3.2 客户态度看成否

约客户见面时，设计师在任何情况下都不能迟到，特别是未签订合同的客户。若与客户约见面时间时，客户含糊其辞，那可能是他想得到你所不能给到的东西，或者对你不是很满意。如果客户对你没有什么兴趣了，你就要反省自己在接待工作中的漏洞及错误。不过，客户货比三家是很正常的。

当客户说你什么都好时，说价格没什么问题时，说肯定找你签合同时，也要提高警惕，他可能已经决定了不会跟你合作，只不过是找个台阶下罢了；或许他已经有了选择，只不过是想从你这里得到更多的创意或其他东西。一旦这样，设计师就要注意自己哪里不到位，并争取挽回。当客户当面说你的设计要怎么怎么改，还讨价还价，就证明他已经感兴趣了，这时就要好好把握了。他不是说对你不满意，而是在决定之前看能否得到一些优惠等。

客户有很多想法，有来自自身生活的，也有其他装饰公司或朋友的建议，一定要引导客户沿着你的思维方式进行思考，切忌盲从客户，要有掌控局面的能力；应善于打断客户的提问，而打断的时间应掌握在你已经洞悉客户即将提出的问题的时候；而礼貌地反驳客户的建议，有助于在客户心目中树立你的专家形象。

4.3.3　成功签约大局已定

一位优秀的设计师应该具有明确的设计接单签单目的，不管怎样，一定要促成与客户签单成功。设计师在谈单和设计的过程中不仅要接近客户、建立信任，还要鼓励或者是鼓动客户的消费信心，促使客户在一定的时机采取签单行为，完成签单手续。设计师需要掌握的促进签单的方法有很多，季节、时间、公司的促销政策、客户所在小区的物业管理要求，以及设计师个人的时间、精力、服务能力等。

当你向客户介绍家装设计方案后，在客户不再与你讨论方案，开始向你询问价格和签单条件的问题时，比如这个家装工程一共要花多少钱？有什么优惠或者折扣方法，以及付款方式等，客户提出要看合同文本，或者开始问及工程进度和施工细节时，就可以判定客户对你感兴趣了，开始考虑签单的事情了。

小贴士

影响客户签单的因素：

1）对你的公司不了解和不信任，害怕签单后会对选择的公司和设计师后悔。

2）害怕选择错误，造成装修费用与装修效果不相符、花冤枉钱，或者造成家庭资金损失。

3）担心被欺骗，怕把钱交给装修公司后，开工才知道很多事情，却无法反悔。

4）不知道如何控制装修的质量、工期和进度。担心签单后装修的控制权在设计师或施工队手中。

5）不知道装修公司所派的施工队质量如何。

4.3.4 面对客户泰然处之

很多东西都有惯性，有的客户很依赖设计师，因此不要让客户或者其他人员感觉你做的超出工作范围的事情是应该的。你做的不是职责范围内的事情会影响你正常的工作。客户在装修过程中需要一个全程的向导，一般是项目经理或队长，应确保这个角色不是设计师。

当客户向你提出无理要求时，比如有的客户会拿走设计师的图样报价，或者要求每天去一次工地，或者要求出全房屋装修效果图……设计师面对这些问题时通常都会点头答应，但其实这是客户试探性的要求。点头答应只能证明你功底不深厚，要知道自己做不到的事别人也做不到，自己不愿做的事，别人也不愿做,要学会适当地保护自己。比如设计方面,有一句话:因为是,所以不做,一般越是得不到的越想得到,想看设计,就必须办"手续"。真正的大牌是有所保留的,你要在客户面前装成大牌!

第 5 章

玩转装修材料市场

装修工作都是根据装修材料来进行的，装修材料是装修的根本，材料决定装修出何种家居环境。设计师对材料的把握不能掉以轻心，深入考察材料市场对购买材料来说是必不可少的环节。选购装修材料一般在签合同之后，合同中约定由装饰公司承包的材料，设计师要熟知。

➲ 5.1 材料市场知多少

消费者在选购装修材料时，通常最关注的是材料的色彩纹理和价格档次，其次才是材料的性质、材质及品种、环保性能等，这是国人普遍的消费观。这种消费观直接影响到材料的研发，而装修材料被研发、生产出来后必定要投入市场，接受消费者的挑选。

材料市场的变化是有规律的，材料设计师在研发过程中，要时刻关注材料市场的潮流，把握材料市场的动态规律，市场上认可的装修材料既然已经很成熟了，那么再作研发就显得多余。如果仅仅是为了改善传统材料的局部性能，而花费更多的财力、物力、人力，就会得不偿失。于是，很多材料企业开始在材料表面做文章，即只设计表面色彩与纹理，努力提高产品的时尚性，努力引导消费者购买最新研发出来的产品，从中获得最大利益。

例如，前几年我国快餐业发展迅速，各种本土快餐品牌相续扩展市场，他们在店面装修中所选用的材料比较单一，其中用量最大的就是铝塑板，颜色上要求与肯德基、麦当劳等洋快餐的店面装修一致，于是，各铝塑板厂商就推出了多种色彩的铝塑板，以满足本土快餐店装修的需求。当本土快餐店形成气候了，厂商的设计师又研发出了新一轮的铝塑板产品，继续满足面包店、奶茶店、烤饼店等微快餐店面装修的需求。所以，掌握材料市场的潮流发展方向对了解材料市场情况是很有必要的，对材料的正确选购也是很有帮助的。

任何一种产品被研发出来后就会进入一个较长的销售周期，装修材料也不例外，装修材料的销售周期至少需要5年，否则厂商投入的研发成本就很难收回来并产生效益。为了提高产品的市场延续力与竞争力，除了在材料品质上做文章外，还要迎合消费者的购买心理。因为一种新材料上市，设计师、施工员、项目经理、装修业主等都会对这种材料存有怀疑，怀疑产品品质的耐久性与加工的难易度，即使设计师敢用，施工员和装修业主也肯定心存顾虑，施工员会借口没有用过而拒绝施工，装修业主则会担心不环保，非要等市场上遍地开花、大卖特卖时才敢选购，这种从众心理是很难逾越的。因此在材料设计过程中，厂商就会要求设计师对材料注入新的商业元素，如编写装修手册，附送材料样品，组织现场促销活动等。

→ 5.2 材料销售有内幕

5.2.1 材料销售潜规则

确定了装修公司和监理，商定了方案的风格后，设计师或项目经理就会带着装修消费者开始采购，然后从卫浴商、橱柜商、家具商、灯具商、墙纸商那里收回扣，这也算是家装行业众所周知的潜规则了。材料经销商是近年来装修行业不可忽视的主力军，以往大家都认为装修公司赚得多，于是装修消费者都不相信装修公司了，提出自己买材料，将资金分解后交给了材料经销商，这种变化再次丰富了微妙的供需关系，材料经销商鼓足干劲，在营销上下足了功夫。

1. 高端品牌材料营销

高端品牌材料价格昂贵，很多装修消费者敬而远之，但是也有不少消费者认为装修是一件大事，即使经济能力有限，对于部分产品还是愿意考虑高端品牌的，如开关插座面板、电气设备等，这些产品使用频率较高，消费者倾向于选购质量过硬的产品。这些产品也是经销商宣传推广的重点，时间久了，消费者的认知度就提升了，认为装修就应该选用这类产品。还有些材料中含有的化学成分有一定的挥发性，于是经销商便在绿色、环保、健康上大做文章，标榜产品的环保特性，甚至提出一些连自己也搞不懂的名词，强化产品优势。这种营销手法主要适用于木质板材、乳胶漆、油漆等产品。

这些都是目前高端品牌材料的主要营销手法，又称为意识提升法。经销商看中的是装修消费者很微妙的思想意识，抓住每个人不同思想中的共性来集中突破。消费者需要的是什么，经销商就提供什么，这种供需关系可以很小众，但绝不会降低利润。

2. 中低端材料营销

中低端材料很大众化，只要装修，消费者都会购买。通常来说，经销商是不需要进行特别宣传的，但是由于入行的门槛低，因此很多人都在做这种销售。激烈的竞争也迫使经销商想尽一切办法进行推广。

　　首先是低价。中低端材料的营销手法就是低价，经销商通过网络联系木芯板厂商，再申请成为地区代理，这样就能拿到当地最低的进货价了，这种方式似乎人人都能想到。而很多经销商换了一种思维，不在众商云集的市场开店了，而到城市的开发区去开店，那里楼盘多，待装修的新房多，价格相同情况下，装修公司与消费者都希望能就近购买木芯板，从而省下不少运输费。

　　然后是品牌。中低端材料也有品牌，一般都是平价品牌，用的人多了也会受到大家的信赖。常见的腻子粉，没有什么技术含量和亮点，经过包装设计后给人感觉档次很高，同样的价格，消费者当然愿意购买包装新颖、高档的产品。

　　最后是服务。消费者买了材料，经销商如果能送货上门或者承诺安装，那将是最大的卖点。水泥、河砂、腻子粉现在基本都是送货上门，吊顶扣板、防水涂料、壁纸等材料基本都是附带安装，负责运输与安装操作的都是门店老板或亲属，他们对装修消费者的采购需求摸得很清楚，定位也很准确。

5.2.2　材料销售定价机制

　　将装修材料的初始价格设定得较高，再通过各种形式降低成交价，这种商业定价机制在各种商品中都存在。这种商业运作模式迎合的是消费者的心理需求，大家都希望买到符合自己心理价位的商品。而对于比较陌生的装修材料，消费者心理并没有一个准确的心理价位，因为大多数消费者装修一次后一般会间隔好几年，甚至十几年才会再装修，对装修材料的认识远远不及其他生活消费品。这样一来，厂商与经销商就抓住机会，给消费者建立一个心理价位，方法就是定一个较高的价位，拉起消费者对这种材料的心理认知；待正式成交时，再给消费者一个较低价格，促使消费者快速购买，从而提高了成交效率，增加了销售业绩。

装修材料的定价机制其实很简单，一种已上市多年的成熟材料，生产成本为成交价格的 40%~50%，商业流通与营销成本为成交价格的 20%~30%，经销商的利润为成交价格的 20%~30%。那么最初的定价会是成交价格的 1.2~1.5 倍。而对于一种刚上市不久的新型材料，生产成本为成交价格的 20%~30%，商业流通与营销成本为成交价格的 20%~30%，经销商的利润为成交价格的 30%~40%。那么最初的定价会是成交价格的 1.5~2.5 倍，甚至更高。但是，消费者并不懂得材料的生产和加工工艺，他们要的是优秀的品质和低廉的价格。所以，拉高的定价最终仍会还原。

5.2.3 材料质量有差异

装修材料的品种繁多，品质就更加五花八门了，而材料的品质是由材料生产厂商的定位和战略目标决定的。规模小的厂商在生产设备上投入较少，最终会导致产品的质量与投入大的厂商有所差异。

举个例子，装修材料市场上像乳胶漆这样的材料越来越多，所采用的材料和生产工艺参差不齐。一个新的乳胶漆品种上市了，即使是颜色没有区别，只是更有光泽或具备肌理效果，也很少有消费者会选购。因为造成这些光泽或肌理效果的原料良莠不齐，而且生产厂家有几百家甚至上千家。一些小工厂为了牟利，常常偷工减料、以次充好，导致产品的质量受到了严重影响。产品的包装、广告也已成为材料设计的重要组成部分。不同的材料虽然在外观、风格上看上去很像，颜色也没有差别，但是内在品质却大相径庭，品质不好的材料往往使用了一两年之后便"原形毕露"，缺点都暴露了出来；品质好的材料使用多年后仍然历久弥新、光亮如初。

5.3 读懂环保检测标识

环保检测标识是装修消费者选购材料时很看重的一部分。如今，建材市场"绿色标签"无处不在，都长着同样的绿色"面孔"让人难以辨识，但它们却有着差异。识别以下标示是装修常识，挑选"绿色产品"时才能够心如明镜。这里简单介绍一下常见的环保标识。

1. 中国环境标识

（1）中国环境标识Ⅰ型（见图5-1）

是我国最高级别的产品环保标识，该标识是我国的官方环保标志，由国家环保总局成立的环境认证中心授权。中国环境标志对申证企业有严格的审核要求，只有行业中排名前30%的企业才有资格申请认证。

（2）中国环境标识Ⅱ型（见图5-2）

该标识又称为"环境自我声明标识"。成为Ⅱ型环境标志的依据是，企业可从国际标准规定的12项环保标准中选择一项或几项做出自我环境声明，并经过第三方验证。

图5-1 中国环境标志 I 型

图5-2 中国环境标志 II 型

（3）中国环境标识III型（见图5-3）

该标识又称为"环境信息公告标识"。企业可根据公众最感兴趣、最为关注的内容，公布产品的一项或多项环境信息，并经第三方验证。比如有的企业称自己产品的甲醛含量低，就必须公布甲醛含量的具体数据，经认证机构验证后，获权使用该标志。

2. 中国环保产品认证标识（见图5-4）

这是由中标认证中心(CSC)开展的环保产品认证项目，该标识的认证范围包括板材、涂料、家具等与人们生活息息相关的环保产品及综合利用类产品。

图5-3 中国环境标志III型

图5-4 中国环保产品认证标识

3. 绿色选择标识

和Ⅲ型环境标志很相似，绿色选择标识统一由中国商品学会 (CSCS) 进行认证。Ⅱ、Ⅲ型环境标志认证书上有环保信息的具体内容，消费者可以仔细看看，确认该产品究竟在哪一方面达到了环保要求。

5.4 基础材料

5.4.1 砖材

砖材俗称砖头，是一种小型人造块材，是用来砌筑墙体的传统材料。砖的外形多为直角六面体，也有各种异形产品。目前，砖材品种多样，每种砖材均有各自的特点。我国不同地域的自然地质条件不同，所选用的砖的品种也不同。实心砖的规格为 240m×115mm×53mm，价格为 0.15~0.4 元/块，具体价格受材质、地域、运输、政策等条件影响。

1. 黏土砖

黏土砖是最传统的砖头，是以黏土为主要原料，经成型、干燥、焙烧而成。黏土砖原料就地取材、价格便宜、经久耐用，在装修工程中一直都使用广泛。废碎砖块还可以用于制作混凝土（见图 5-5、图 5-6）。

小贴士

正确认识黏土砖

黏土砖最大优势在于质地稳定，与水泥砂浆的配套性能较好，砌筑后不易开裂，具有稳定的隔音、隔热效果。很多装修施工员没有新材料的施工经验，担心出现质量问题后，业主或项目经理要求返工，于是不断宣传黏土砖的优势，导致很多业主都迷信使用黏土砖，甚至四处打听购买旧砖，这是不可取的，旧砖在空气中氧化后受潮，会降低强度，甚至产生裂缝，反而会影响装修质量。

图5-5 实心黏土砖

图5-6 空心黏土砖

　　标准黏土砖的规格为 240mm×115mm×53mm。每块砖干燥时约重 2.5kg，吸水后约为 3kg。此外还有空心砖与多孔砖，空心砖的规格为 190mm×190mm×90mm，密度为 1100kg/m^3。多孔砖的规格为 240mm×115mm×90mm，密度为 1400kg/m^3。

　　选购黏土砖时，应注意其外形。砖体应该平整、方正，外观无明显弯曲、掉角、裂缝等缺陷；敲击时可发出清脆的金属声，色泽应均匀一致。

目前，在黏土砖的基础上，市场上又出现了页岩砖，主要是利用黏土自然沉积后所形成的岩石生产。其中，由黏土物质硬化形成的微小颗粒易裂碎，很容易分裂成明显的岩层，具有页状或薄片状纹理，用硬物击打易裂成碎片，可以再次粉碎烧制成砖。页岩砖的规格与黏土砖相当，但是边角轮廓更加完整，适用于庭院地面铺装或非承重墙砌筑，属于环保材料（见图 5-7、图 5-8）。

图 5-7　普通页岩砖　　　　　　图 5-8　彩色页岩砖

2. 煤矸石砖

煤矸石砖的主要成分是煤矸石，它是在采煤与洗煤过程中排放的固体废物。煤矸石砖的生产成本比普通黏土砖低，用煤矸石制砖不仅节约土地资源，而且还能消耗大量矿山废料，所以煤矸石砖是一项有利于环保的低碳材料。

煤矸石砖的环保性是指在生产工艺与材料来源上具有节能效应，但是在选购时，要注意煤矸石砖是否具有辐射性。虽然多数厂家的原料与产品都具备合格标准，但是为了使用安全，煤矸石砖一般不用于室内墙体砌筑，只是用于家居庭院、户外构造砌筑。

煤矸石砖按孔洞率可分为实心砖、多孔砖、空心砖3种，其中实心砖是无孔洞或孔洞小于25%的砖，多孔砖的孔洞率大于25%，空心砖的孔洞率大于40%。孔的尺寸小而数量多的煤矸石砖强度等级较高，常用于承重部位；孔的尺寸大而数量少的煤矸石砖，强度等级偏低常用于非承重部位。煤矸石砖的整体强度没有黏土砖高，但是不影响家装中墙体和构造的承重性能（见图5-9、图5-10）。

图5-9　煤矸石砖

图5-10　煤矸石砖培

目前，全国各地都在推广煤矸石砖，生产厂家不计其数，具体产品的规格很多，主要产品与黏土砖一致，但是在装修中用于墙体砌筑的煤矸石砖多为200mm×120mm×55mm，密度为1300kg/m^3。

3. 灰砂砖

灰砂砖是以砂与石灰为主要原料，掺入颜料与外加剂，经过坯料制备，压制成型，经高压蒸气养护而成的砖。灰砂砖是一种技术成熟、性能优良且节能的新型多孔砌筑材料，适用于家装中的承重墙体，自重较低，特别适用于楼板底部无横梁的区域砌筑。灰砂砖外观呈灰白色，颗粒较细腻，有毛刺感，是一种良好的隔音材料（见图5-11、图5-12）。灰砂砖与其他砌体材料相比，蓄热能力显著，隔音性能优越，属于不可燃材料。

图5-11　空心灰砂砖　　　　　　　　图5-12　实心灰砂砖

选购灰砂转是注意砖材的边角应当整齐一致，不能有较明显的残缺，可以用力将砖块向地面摔击，以不断裂、破碎为合格。砖块的截断面质地应当均匀，孔隙应大小一致，不能存在大小不一且特别明显的石砂颗粒。

4. 粉煤灰砖

粉煤灰是煤燃烧后产生的细灰，是燃煤发电厂排出的主要固体废弃物，粉煤灰砖的优势在于利用发电厂处理的废渣生产，可变废为宝，广泛用于各种墙体与构造砌筑。粉煤灰砖的基础规格为 240mm×115mm×53mm, 密度约为 1500kg/m³。在生产过程中, 还可以调整模具, 生产成其他规格, 如 880mm×380mm×240mm 等, 多种规格能满足不同需求。此外, 粉煤灰砖还可加入颜料制成彩色砖(见图 5-13、图 5-14)。

图5-13　粉煤灰砖

图5-14　粉煤灰砌块

选购粉煤灰砖时应观察其外观颗粒, 组成粉煤灰砖的颗粒一般为球状体, 优质产品颗粒形体统一且比较光滑。劣质产品会掺入过多的细磨砂粉、石粉、锅炉渣粉, 不规则颗粒较多, 手感粗糙, 颜色偏黑黄色或白色。随意挑选几块砖, 仔细比较尺寸, 优质产品应无任何尺度误差, 棱角方正平直, 用卷尺测量砖体各项尺寸, 差异应小于 1mm。

粉煤灰砖导热系数小, 但是用于气候温差大的地区必须使用优等砖, 且不能用于长期温差过大的环境。使用前应做湿水处理, 避免其在施工时过多地吸附水泥砂浆中的水分(见图 5-15、图 5-16)。

图5-15 粉煤灰砖湿水

图5-16 粉煤灰砖砌墙

5. 炉渣砖

炉渣是以煤为燃料的锅炉在燃烧过程中产生的块状废渣。炉渣砖以炉渣为主要原料,掺入适量的水泥、电石渣、石灰、石膏等材料,经压制成型、蒸养或蒸压养护而成的实心炉渣砖,主要用于一般装修的非承重墙体与基础部位。

炉渣砖的规格、颜色、性能与粉煤灰砖类似,只是砖体中的颗粒较大,密度为 $1400kg/m^3$ 左右,强度不如粉煤灰砖,表面呈黑灰色(见图 5-17、图 5-18)。炉渣砖用于非承重墙体、构造的砌筑,如填补门窗洞口、户外花台鱼池砌筑等,由于炉渣砖整体较脆,因此在运输、使用时要注意保护。

图5-17 实心炉渣砖

图5-18 炉渣砌块

6. 混凝土砖

混凝土砖又称混凝土砌块，是以水泥添加砂石等配料，加水搅拌，振动加压成型，经养护而制成砌筑材料。普通混凝土砖呈蓝灰色，体量较大且有多种规格，可以根据需要进行切割，常见规格为（长 × 宽）600mm×240mm，厚度有80mm、100 mm、120mm、150mm、180mm 等多种。除了实心产品外，还有各种空心混凝土砖，用于砌筑非承重隔墙（见图 5-19、图 5-20）。

图5-19　实心混凝土地砖　　　　图5-20　空心混凝土砖

混凝土砖具有自重轻、热工性能好、抗震性能好、砌筑方便、平整度好、施工效率高等优点，不仅可以用于非承重墙砌筑，较高等级的砌块还可以用于承重墙砌筑。在装修中，混凝土砖一般都采用表面染色的彩色产品，常用于户外庭院地面铺装，能保持地面铺装平整，色彩也较丰富，整体造价比常规的天然石材和地砖要低很多（见图 5-21、图5-22）。

选购时特别注意观察混凝土砖块的截断面，其内部碎石的分布应当均匀，不能大小形态不一，碎石与水泥之间应无明显孔隙。此外，彩色混凝土砖的颜色渗透深度应大于10mm，以避免在使用过程中被磨损褪色。

图5-21 彩色混凝土

图5-22 彩色混凝土砖铺地

小贴士

加气混凝土砖

通过蒸压工艺制成的轻质砖，因蒸压后产生大量均匀而细小的气孔，故名加气混凝土砖。加气混凝土砖具有轻质多孔、保温隔热、防火性能良好等特点，具有一定的抗震能力，是一种新型材料。加气混凝土砌块的密度一般为500~700kg/m³，只相当于传统粉煤灰砖的35%左右，相当于普通混凝土的20%左右，是一种较轻的砌体材料，适用于填充墙与承重墙。

5.4.2 龙骨

龙骨是指用于家装基础构造中的主要骨架，它能塑造构造形体，支撑外表装饰材料，防止饰面材料变形、开裂，是将饰面型材与建筑结构相连接的重要材料。

1. 木龙骨

木龙骨的制作其实就是将质地稳定的木材经过干燥后，加工成不同规格的条状型材。常见的木龙骨一般采用杨木、松木、杉木制作，根据使用部位的不同而有不同规格的产品。用于家装吊顶、隔墙的主龙骨截面尺寸为 50mm×70mm 或 60mm×60mm，而次龙骨截面尺寸为 40mm×60mm 或 50mm×50mm。用于轻质扣板吊顶或实木地板铺设的龙骨截面尺寸为 30mm×40mm 或 25mm×30mm。木龙骨的长度主要有 3m 与 6m 两种，其中 3m 长的产品的截面尺寸较小，其中 30mm×40mm 的木龙骨价格为 1.5~2 元 /m（见图 5-23、图 5-24）。

图5-23　烘干龙骨　　　　　　　　图5-24　木龙骨吊顶

2. 轻钢龙骨

轻钢龙骨是采用薄型冷轧钢板、钢带，由特制轧机轧制而成，它具有强度高、耐火性好、安装简易、实用性强等优点。轻钢龙骨表面有镀锌层，具有一定的防锈功能，形式主要有 U 形龙骨、C 形龙骨等多种。轻钢龙骨制作的骨架一般用于面积较大或较平整的吊顶、隔墙基础，表面一般安装石膏板以形成轻钢龙骨石膏板吊顶与隔墙。家装用的轻钢龙骨的长度主要有 3m 与 6m 两种，特殊尺寸可以定制生产，价格则根据具体型号来定，一般为 5~10 元 /m（见图 5-25、图 5-26）。

图5-25　U形龙骨　　　　　　　图5-26　C形龙骨

3. 铝合金龙骨

铝合金龙骨是一种常用的吊顶装饰材料，质地更轻，它与专用五金配件组装而成，可以起到支架、固定、美观作用。铝合金龙骨应用广泛，主要用于受力构件，如轻质隔墙龙骨、吊顶主龙骨与门窗框，与之配套的是铝合金扣板、硅钙板或矿棉板等。而用于吊顶、门窗框的铝合金龙骨表面要经电氧化处理，铝合金龙骨的尺寸大小、高度和厚度都可以订制。用于吊顶的 T 形铝合金龙骨边长 22mm、壁厚 1.3mm，价格为 5 元 /m 左右（见图 5-27、图 5-28）。

图5-27 铝合金龙骨

图5-28 集合吊顶龙骨

小贴士

铝合金龙骨和烤漆龙骨

铝合金龙骨虽然多为彩色产品，但是内外质地一致，均有颜色，是在铝合金中加入其他有色金属制成，多用于厨房、卫生间等空间的吊顶。烤漆龙骨是采用轻钢制成，色彩多样，用于外露的吊顶构造，表面彩色涂层比铝合金龙骨质地要软。

5.4.3 胶水

胶水又称为胶黏剂，其工艺与传统的钉接、焊接、铆接相比，具有很多优点，如接头分布均匀，适合各种材料，操作灵活，使用简单；当然也存在一些问题，如胶接强度不均，对使用温度与寿命有限定等。不同材料应采用不同的胶水，一种胶水不能同时用到多种构造中，选购时应选择知名品牌，虽然价格稍高，但是质量有保证。常见的胶水有以下几种。

1. 硅酮玻璃胶

硅酮玻璃胶是以硅橡胶为原料，加入各种特性添加剂制成，呈黏稠软膏状液体，主要分为酸性玻璃胶与中性玻璃胶，有黑色、瓷白、透明、银灰等多种色彩。硅酮玻璃胶用于干净的金属、玻璃、不含油脂的木材、硅酮树脂、加硫硅橡胶、陶瓷、天然及合成纤维、油漆塑料等材料表面，也可以用于木线条背面哑口处、厨卫洁具与墙面的缝隙处等（见图5-29）。

图5-29　玻璃胶填补缝隙

在不同的地方要用性能不同的玻璃胶，中性玻璃胶的黏结力比较弱，但不会腐蚀物体；而酸性玻璃胶一般用在木线背面的哑口处，黏结力很强。

2. 白乳胶

白乳胶又称为聚醋酸乙烯乳液，是一种乳化高分子聚合物，无毒无味、无腐蚀、无污染，是一种水性胶黏剂。白乳胶具有常温固化快、成膜性好、黏结强度大、抗冲击、耐老化等特点，其黏结层具有较好的韧性和耐久性。但白乳胶的黏度不稳定，尤其是在冬季低温条件下，常因黏度增高而导致胶凝，需加热之后才能使用（见图 5-30）。

图5-30　白乳胶

3. 801胶

801 胶是由聚乙烯醇与甲醛在酸性介质中进行缩聚反应，再经氨基化后而成，外观为微黄色或无色透明胶体。801 胶具有毒性小、无味、不燃等优势，施工中无刺激性气味，耐磨性强。但是在生产过程中仍然含有未反应的甲醛，游离甲醛含量应小于 1g/kg，含固量应大于 9%。801 胶主要用于乳胶漆基层腻子粉的调配，或根据需要掺在铺贴瓷砖的水泥砂浆中，以增强水泥砂浆或混凝土的胶黏强度，主要起到界面基层与装饰材料之间黏合过渡的作用。801 胶的使用温度在 10℃以上，储存期一般为 6 个月（见图 5-31）。

图5-31 801胶

5.4.4 腻子粉

腻子粉是指油漆涂料在施工前，对施工面进行预处理的一种表面填充材料。腻子粉分成品腻子与现场调配腻子两种。主要配料是滑石粉、纤维素钠、801 胶水，使用时只需加入清水搅拌就可以。腻子粉用于墙面、家具、构造表面找平处理，使墙面平整，以便于后期饰面作业。如果腻子粉质量不合格，会导致墙面出现脱粉、起皮、龟裂等现象，待施工完毕了，如果腻子干燥后用手摸不掉粉、不划花、水刷不掉就是优质产品。

选购腻子粉关键看品牌，品牌产品包装上都贴有防伪标志或数码防伪标识，刮开涂层拨打电话即可辨别真假。

5.5 水电管线

水电管线是装修施工的头等重要材料。在装修施工中，水电管线会被埋藏在各个空间的顶、墙、地面中，一旦出现差错，就很难修复。这类材料的用量较大，材料自重也较大。因此，水电管线在我国都以各地生产为主，产品品牌很多，有很强的地域性。下面就仔细介绍水电管线的基本常识。

5.5.1 水管

1. 金属软管

金属软管又称为金属防护网强化管，内管中层布有腈纶丝网加强筋，表层布有金属丝编制网（见图 5-32）。金属软管重量轻、挠性好、弯曲自如，具有良好的耐油、耐化学腐蚀性能。金属软管的生产以成品管为主，两端均有接头，长度为0.3~20m 不等，可以订制生产。常见的 600mm 长的金属软管价格为 30 元 / 套。

图5-32 金属软管

此外，还有一种不锈钢软管在装修中用作供水管和供气管，尤其是强化燃气软管可取代传统的橡胶软管，普通橡胶软管使用寿命为 18 个月，而金属软管可达 10 年。目前，我国一些城市已经明令禁止销售普通塑料软管，强制推行使用安全系数较高的金属软管，因其不易破裂脱落，更不会因虫鼠咬噬而漏水漏气。

2. PP-R给水管

PP-R 管又称为三型聚丙烯管，是一种注塑而成的绿色环保管材，专用于自来水供给管道，采用无规共聚聚丙烯材料，是挤出成型，注塑而成的新型管件，它取代传统的金属镀锌管，在装修中用于连通各种用水空间。PP-R 管在施工中安装方便、连接可靠，具有重量轻、耐腐蚀、不结垢、保温节能、使用寿命长的特点，最主要的是无毒、卫生，不仅可用作饮用水管，还可用作中央空调、锅炉地暖的给水管。PP-R 给水管还有各种规格、样式的接头配件，价格相对较高，安装也较复杂。PP-R 管每根长 4m，直径 20~125mm 不等，并配套各种接头（见图5-33、图5-34）。选购PP-R给水管时，可以进行燃烧试验，通过观察燃烧时的状态来辨别其真伪。内槽原料中混合了回

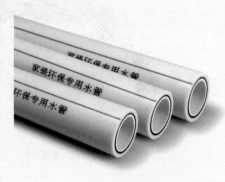

图5-33　PP-R给水管

收塑料和其他杂质的 PP-R 管会冒黑烟，并发出刺鼻的气味；而好的材质燃烧后不会冒黑烟，且无气味（见图 5-35）。

图5-34　PP-R管件接头

图5-35　燃烧测试

3. PVC排水管

PVC 排水管的主要成分为聚氯乙烯，是当今颇为流行并且也被广泛应用的一种合成材料，具有重量轻、内壁光滑、流体阻力小、价格低等优点，取代了传统的铸铁管，可以用于电线穿管护套。PVC 可分为软 PVC 和硬 PVC，其中硬 PVC 材料用作排水管，是由硬聚氯乙烯树脂加入各种添加剂制成的热塑性塑料管，抗腐蚀能力强、易于黏结、价格低、质地坚硬。PVC 排水管有圆形、方形、矩形、半圆形等多种，其中圆形管的内径为 10~250mm 不等。此外，PVC 管中含化学添加剂酞，对人体有毒害，一般用于排水管，不能用作给水管。130mm 的中档产品价格为 15 元 /m 左右（见图 5-36、图 5-37）。

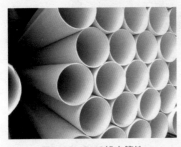 

图5-36　PVC排水管件　　　　　图5-37　踩压测试

5.5.2　电线

1. 电源线

电源线也叫电线，分为软芯线与硬芯线，内部是铜芯，外部包裹 PVC 绝缘层，需要在施工中组建回路，并穿接专用阻燃 PVC 线管。为了方便区分，单股电线的 PVC 绝缘套有多种色彩，如红、绿、黄、蓝、紫、黑、白与绿黄双色等，在同一装修工程中，选用电线的颜色及用途应一致。电源线都以卷为计量，每卷线材的长度标准为 50m 或 100m。单股电线的粗细规格一般按铜芯的截面面积来划分，普通照明用线选用 1.5mm²，插座用线选用 2.5mm²，大功率电器设备的用线选用 4mm²，超大功率电器可选用 6mm² 以上的电线（见图 5-38、图 5-39、图 5-40）。

图5-38 单股线

图5-39 单股线包装

图5-40 单股线缠绕

2. 电话线

是指电信工程的信号传输线，主要用于电话通信线路连接，如程控交换机、普通电话机、视频电话机、传真机等。电话线主要有双绞电话线与普通平行电话线，前者的主要作用在于提高了传输速度，并降低了杂音与损耗。电话线表面绝缘层的颜色有白色、黑色、灰色等，其中白色较常见。外部绝缘材料采用高密度聚乙烯或聚丙烯，内导体为裸铜丝，常见有 2 芯与 4 芯两种产品，2 芯电话线用于普通电话机，4 芯电话线用于视频电话机（见图 5-41、图 5-42）。

图5-41　4芯电话线

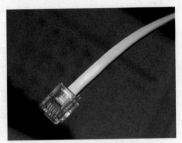

图5-42　电话线接头

3. 电视线

又称为视频信号传输线，是用于传输视频与音频信号的线材，一般为同轴线。电视线一般分为96网、128网、160网。这里所说的网是指外包铝丝的根数，直接决定传送信号的清晰度与分辨度。线材分2P与4P，2P是1层锡与1层铝丝，4P是2层锡与2层铝丝。同种规格的电视线有不同价位的产品，其中的主要区别在于所用的内芯材料是纯铜还是铜包铝，或外屏蔽层铜芯的绞数，如96编（采用96根细铜芯编织）、128编等，编数越多，屏蔽性能就越好（见图5-43、图5-44）。

图5-43　电视线

图5-44　电视线接头

4. 音箱线

又称音频线、发烧线，是用来传播声音的电线，由高纯度铜或银作为导体制成，多采用无氧铜或镀锡铜，音箱线由电线与连接头两部分组成，其中电线一般为双芯屏蔽电线，音箱线用于播放设备、功放、主音箱、环绕音箱之间的连接。常见的音箱线由大量铜芯线组成，一般为 100~350 芯，其中使用最多的是 200 芯与 300 芯音箱线，200 芯就能满足基本需要。如果对音响效果要求很高，要求声音异常逼真等，也可以选用 300 芯音箱线。音箱线在工作时要防止外界电磁干扰，需要增加锡与铜线网作为屏蔽层，屏蔽层一般厚 1~1.3mm（见图5-45）。

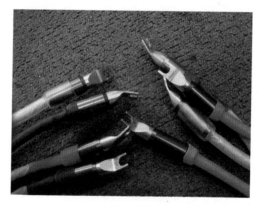

图5-45 音箱线接头

5. 网络线

是指计算机连接局域网的数据传输线，在局域网中常见的网线主要为双绞线。双绞线是最常用的传输介质，它采用一对彼此绝缘的金属导线互相绞合来抵御外界电磁波干扰，双绞线

的名称也由此而来。典型的双绞线有 4 对，不同线对的扭绞长
度不同，扭绞长度一般为 120~400mm，按逆时针 方向扭绞。
扭线越密，其抗干扰能力就越强（图5-46）。

图5-46　网络线

5.6　铺装材料

装修中常用的石材主要包括花岗岩、大理石和人造石 3
种。天然石材的表面经处理后可以展现出优良的装饰性，对家
居台柜和地面能起到保护和装饰的作用。

5.6.1　花岗岩

花岗岩是一种全晶质天然岩石，其主要成分是二氧化硅，
矿物质成分有石英、长石和云母，密度大、抗压强度高、孔隙
小、吸水率低。市场上经常销售的花岗岩表面通常呈现灰色、
黄色或深红色，表面纹理呈颗粒状。优质的花岗岩质地均匀、

构造紧密，石英含量多而云母含量少，不含有害杂质，长石光泽明亮，无风化现象。花岗岩一直以来都是属于较高档的装饰材料。由于花岗岩的应用部位不同，花岗岩石材表面通常被加工成剁斧板、机刨板、粗磨板、火烧板、磨光板等样式（见图5-47）。

图5-47　花岗岩

花岗岩石材的大小可随意加工，用于铺设室内地面的厚度为 20~30mm，铺设地面或家具台柜的厚度为 18~20mm 等。市场上零售的花岗岩宽度一般为 600~650mm，长度为 2~2.5m 不等，价格多为 100~300 元 /m。特殊品种也有加宽加长型，可以打磨边角，这些要另外收费，具体价格要在选购时询问清楚。

5.6.2　大理石

大理石是一种变质或沉积的碳酸类岩石，主要矿物质成分有方解石、蛇纹石和白云石等，质地细密，抗压性较强，吸水率小，比较耐磨、耐弱酸碱，不变形。

大理石会呈现出为红、黄、黑、绿、棕等各色斑纹，色泽肌理的装饰性极佳。与花岗岩相比，大理石最大的特点就在于花色品种多，可以用于各部位的石材贴面装修，但是强度不及花岗岩，在磨损率高、碰撞率高的部位铺装需慎重考虑。大理石的具体规格和花岗岩一致，也可以订制加工。大理石也有一定的辐射，不宜在室内大面积使用（见图5-48）。

图5-48 大理石

天然石材都会存在色差，而染色石材往往颜色深且均匀，没有色差，表面光泽也不自然。最直接有效的观察方法是观察石材侧面或切口处，可以明显地看到染色石材渗透的层次，表面颜色深，中间颜色浅。此外，染色石材一般都打了蜡，可以用打火机烘烤石材的正面，如果见蜡熔化，就很可能是染过色的。正宗大理石的价格多为 200~600 元 /m，染色大理石价格多在 200 元 /m 以下。

小贴士

石材的放射性

花岗岩由火生成，深色系列（包括黑色、蓝色、墨绿色系列）的花岗岩和灰色系列花岗岩，其放射性元素含量都低于地壳的平均值。由火成岩变质形成的花岗岩（包括白色、红色、浅绿色和花斑系列），放射性元素含量一般稍高于地壳平均值的含量。

因此，在天然装饰石材中，大理石、板石、暗色系列（包括黑色、蓝色、墨绿色）和灰色系列的花岗岩，放射性辐射强度都很小，即使不进行任何检测，也能够确认是安全产品，可以放心使用。但是要注意购买正宗、合格的产品，如果由其他石材染色，则很难把握真实的放射性。

5.6.3 人造石

人造石是一种根据设计意图，利用有机材料或无机材料合成的人造石材，其经济性、选择性等均优于天然石材。家装中主要使用的是聚酯型人造石，它具有天然花岗岩、大理石的色泽花纹，几乎能以假乱真；它的价格低廉、重量轻、吸水率低、抗压强度较高，抗污染性能也优于天然石材，对醋、酱油、食用油、鞋油、机油、墨水等均不着色或十分轻微，耐久性和抗老化性较好，并且具有良好的可加工性。市场上销售的树脂型人造大理石一般用于厨房台柜面，宽度在 650mm 以内，长度为 2400~3200mm，厚度为 10~15mm，市场价格在 500~800 元 /m。可以订制加工，商家包安装、包运输（见图 5-49）。

图5-49　人造石

购买聚酯型人造石要注意识别质量。正品聚酯型人造石应该具有检验报告，具有 ISO 系列国际质量体系认证，采用纯甲基丙烯甲酯和氢氧化铝制作。石材颜色清纯不混浊，表面无类似塑料胶质感，色差较小，材质颗粒细腻。手摸有丝绸感、无涩感，且无明显高低不平感。用指甲划板材表面，无明显划痕。相同的两块样品相互敲击，不易破碎，板材反面无细小气孔，鼻闻无刺鼻化学气味。厂商有规范的市场销售网络，服务有保证，产品有防伪标志、保养手册和产品质保证及相关防伪标志，市场价格在500~800 元 /m。

现在人造石产品逐渐增多，假冒伪劣产品也层出不穷。现在市场上零售 200~400 元 /m 的人造石大多是以工业树脂代替甲基丙烯酸甲酯，用碳酸钙代替氢氧化而成，该类产品无任何质量及售后保证，极易断裂、变形、褪色，甚至有毒。

5.6.4 瓷砖

瓷砖也是装修中不可或缺的铺装材料，厨房、卫生间、阳台甚至客厅、走道等空间都在大面积使用这种材料，其生产与应用具有悠久的历史。瓷砖的品种和花色多种多样，识别瓷砖的种类也需要功力。下面介绍各种瓷砖的特点。

1. 釉面砖

釉面砖是以黏土或高岭土为主要原料，加入一定的助溶剂，是经过研磨、烘干、铸模、施釉、烧结成型的精陶制品。釉面砖是一种传统的厨房、卫生间墙面砖，用量很大，其中由陶土烧制而成的釉面砖吸水率较低，密度较低，背面呈米白色或灰白色。现在主要用于墙地面铺设的是瓷制釉面砖，质地紧密，美观耐用，易于保洁，孔隙率小，且膨胀不显著。

墙面砖规格一般为（长 × 宽 × 厚）250mm × 330mm × 6mm、300mm × 450mm × 6mm、300mm × 600mm × 8mm 等，高档墙面砖还配有相当规格的腰线砖、踢脚线砖、顶脚线砖等，均施有彩釉装饰，且价格高昂。地面砖规格一般为（长 × 宽 × 厚）300mm × 300mm × 6mm、330mm × 330mm × 6mm（见图5-50）。

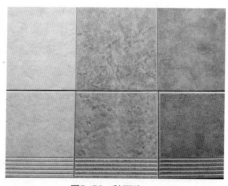

图5-50 釉面砖

小贴士

釉面砖的鉴别方法

1. 观察外观

选购时从包装箱内拿出 2~4 块釉面砖，放在地面上对比，看其是否平坦一致，对角处是否嵌接紧密，没有误差的质量较好。此外，优质产品的花色图案细腻、逼真，没有明显的缺色、断线、错位等。看背面颜色，采用瓷土制作的砖背面应呈现米白色或灰白色，而密度较低的釉面砖背面是红色或粉红色，劣质产品还会呈现土红色或红褐色。

2. 用尺测量

在铺贴时如果采取无缝铺贴工艺，那么对瓷砖的尺寸要求很高，应使用钢尺检测同一砖块与不同砖块的边长是否彼此一致。如果普遍误差大于 1mm，就会严重影响瓷砖的铺贴效果。

3. 提角敲击

用手指垂直提起陶瓷砖的边角，让瓷砖轻松垂下，用另一手指轻敲瓷砖中下部，声音清亮响脆的是上品，而声音沉闷混浊的是下品。

4. 背部湿水

将瓷砖背部朝上，滴入少许茶水或有色饮料，如果水渍扩散面积较小为上品，反之则为下品，因为优质陶瓷砖密度高、吸水率低，而低劣陶瓷砖密度低、吸水率高。

2. 玻化砖

玻化砖又称为全瓷砖，采用优质高岭土并经强化后高温烧制而成，质地为多晶材料，主要由无数细小的石英晶粒构成网架结构，具有很高的强度与硬度，其表面光洁而又无须抛光，因此不存在抛光气孔的污染问题。不少玻化砖具有天然石材的质感，而且还具有高光度、高硬度、高耐磨性、吸水率低、色差少、规格多样化等优点，其色彩、图案、光泽等都可以人为控制。

玻化砖占市场主导地位的是中等尺寸的产品，占有率为 90 %，尺度规格通常为（长 × 宽 × 厚）600mm × 600mm × 8mm、800mm × 800mm × 10mm、1000mm × 1000mm × 10mm、1200mm × 1200mm × 12mm，价格也是瓷砖产品中最贵的（见图 5-51）。

图5-51 玻化砖

3. 仿古砖

仿古砖是从彩釉砖演化而来的（见图 5-52），实质上是上釉的瓷质砖，多为一次烧成。它与普通瓷砖唯一不同的是，在烧制过程中，仿古砖的技术含量相对较高，要经过数千吨液压机压制，以使其强度高，具有极强的耐磨性。经过精心研制的仿古砖兼具了防水、防滑、耐腐蚀的特性，其古朴典雅的纹理也深受装修业界人士的喜爱。

图5-52　仿古青砖

目前，普及的仿古砖以哑光的为主，规格通常有（长×宽×厚）：300mm×300mm×6mm、500mm×500mm×6mm、600mm×600mm×8mm、300mm×600mm×8mm、800mm×800mm×10mm等。

仿古砖的密度要比普通釉面砖高，生产时会在陶土或瓷土中会加入一些石粉来提升砖体的密度。因此，无论是从手感上比较还是湿水比较，仿古砖都要高于普通釉面砖，但是要比玻化砖低些。

小贴士

陶瓷锦砖的质量鉴别方法

1. 外观质量检验

从包装箱中拿出几片完整的锦砖，在 1~3m 的目测距离内，基本规格应均匀一致，符合标准规格的尺寸与公差即可。如果线路明显参差不齐，便要重新处理。另外，可用一铁棒敲击产品，如果声音清晰，则没有缺陷；如果声音浑浊，则是不合格产品。

2. 检验砖与铺贴纸结合程度

用两手捏住 1 片完整的锦砖两角，使锦砖垂直，然后放平，反复 3 次，以不掉砖为合格；或取 1 片完整的锦砖卷曲，然后伸平，反复 3 次，以不掉砖为合格。

3. 检查脱水时间

将锦砖平放在平整的地面上，将贴纸层向上，用水浸透后放置 30 分钟，捏住铺贴纸的一角，将纸揭下，能顺利揭下即为符合质量标准。

4. 锦砖

锦砖又称为马赛克，具有很强的装饰效果。它最早是一种镶嵌艺术，以小石子、贝壳、瓷砖、玻璃等有色嵌片应用在墙地面上，通过组成图案来表现装饰效果。锦砖一般由几十块小砖拼贴而成，小砖形态多样，有方形、矩形、六角形等，形态小巧玲珑，具有防滑、耐磨、抗腐蚀、色彩丰富等特点。玻璃锦砖耐酸碱、耐腐蚀、不褪色，表面晶莹剔透，但价格较高。

锦砖的常用规格为（长 × 宽）300mm × 300mm，厚度为4~8mm（见图5-53）。

图5-53 棉砖

5.7 成品材料

铺装材料一直是装修中不可或缺的材料，在现代装修中，板材都是由业主自行购买，甚至连安装都是由经销商负责。对装修设计师而言，木地板、塑料型材及复合板材等各种类型的板材的性能需要被正确认识。

5.7.1 实木地板

实木地板是采用天然木材，经加工处理后制成条板状或块状的地面铺设材料。优质实木地板具有自重轻、弹性好、构造简单、施工方便等优点。但是实木地板存在怕酸、怕碱、易燃的弱点，所以一般只用于铺设卧室、书房、起居室等室内地面。

实木地板的规格根据不同树种来订制，宽度为90~

120mm，长度为 450~900mm，厚度为 12~25mm。优质实木地板表面经过烤漆处理，应具备不变形、不开裂的性能，含水率均控制在 10％~15％，中档实木地板的价格一般为 300~600 元 /m² (图 5-54)。

图5-54　实木地板地面铺设

国家标准规定木地板的含水率为 8％~14％。我国北方地区的地板含水率应控制在 10％以内，南方地区地板含水率也应控制在 14％以内。实木地板并非越长越好，长度过大的木地板相对容易变形，一般选择中短长度的地板较好，这样不易变形。

5.7.2　实木复合地板

实木复合地板的装饰性极好，它是采用珍贵木材或木材中的优质部分以及其他装饰性强的材料做表层，采用材质较差的竹、木材料做中层或底层，构成经高温、高压制成的多层结构地板，所采用的加工工艺也不同程度地提高了产品的力学性能。不同树种制作成的实木复合地板的规格、性能、价格都不同，但是高档次的实木复合地板表面多涂刷 UV 哑光漆，这种漆是经过紫外光固化的，耐磨性能非常好。实木复合地板的规格与实木地板相当，有的产品是拼接的，规格可能会大些，但是价格要比实木地板低，中档产品一般为 200~400 元 /m^2（见图 5-55）。

图5-55 实木复合地板

5.7.3 强化复合木地板

强化复合木地板是由多层不同材料复合而成，其主要复合层从上至下依次为：强化耐磨层、着色印刷层、高密度板层、防震缓冲层、防潮树脂层。强化耐磨层用于防止地板基层磨损；着色印刷层为饰面贴纸，纹理色彩丰富，设计感较强；高密度板层是由木纤维及胶浆经高温高压压制而成的；防震缓冲层与防潮树脂层垫置在高密度板层下方，用于防潮、防磨损，并且能起到保护基层板的作用。强化复合木地板的规格长度为 900~1500mm，宽度为 180~350mm，厚度分别为 6~15mm，厚度越高，价格也相对越高，中档产品一般为 80~120 元 /m^2（见图 5-56）。

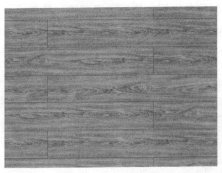

图5-56 强化复合木地板

强化复合木地板与实木板材的比较

强化复合木地板表面耐磨度为实木地板的 10~30 倍，产品的内结合强度、表面胶合强度和冲击韧性力学强度也都较好，还具有良好的耐污染腐蚀、抗紫外线光、耐香烟灼烧等性能。但是强化复合木地板的脚感或质感不如实木地板；当基材与各层间的胶合不良时，使用中会脱胶分层而无法修复。此外，地板中所包含的胶合剂较多，游离甲醛释放所导致的环境污染也要引起高度重视。

5.7.4 竹地板

竹地板是竹子经处理后制成的地板，与木材相比，竹材作为地板原料有许多特点，竹材的组织结构细密、材质坚硬，具有较好的弹性，脚感舒适，看上去自然而大方。竹材的干缩湿胀性小，尺寸稳定性高，不易变形开裂，同时竹材的力学强度比木材高，耐磨性也好。竹材色泽淡雅、色差小，而且纹理通直，很有规律；竹节上有点状放射性花纹，有特殊的装饰性（见图5-57）。

图5-57 竹地板

由于竹材中空、多节，头尾的材质、径级变化大，在加工中需去掉许多部分，因此竹材利用率仅为20%~30%。此外，制作竹地板需采用竹龄3~4年以上的竹子，在一定程度上限制了原料的来源，所以原料的利用率低，产品价格较高，中档产品一般为150~300元/m^2。

5.8 装饰玻璃

随着装修的发展，玻璃不仅仅只具有以前的隔风透光的功能了，它已成为一种装饰材料。装饰玻璃具有晶莹透彻的质地，还有很强的装饰效果。装饰玻璃是以石英、纯碱、长石、石灰石等物质为主要材料，在 1600℃左右的高温下熔融成型，经急冷制成的固体材料。

5.8.1 平板玻璃

平板玻璃是未经过加工的，表面平整而光滑且具有高度透明性能的板状玻璃的总称，是装修中用量最大的玻璃品种，可以作为经进一步加工而成为各种技术玻璃的基础材料。普通平板玻璃在装饰领域主要用于家居装饰品陈列、家具构造、门窗等部位，起到透光、挡风与保温的作用。厚度大于 8mm 的平板玻璃一般被加工成钢化玻璃，其强度可以满足各种要求。

平板玻璃质量稳定、产量大，生产的玻璃规格一般都在 1000mm × 1200mm 以上，厚 6mm 的平板玻璃的规格最大可以达到 3000mm × 4000mm，平板玻璃的厚度为 4~25mm 不等。质地较好的玻璃应该偏绿，透光性好；从斜侧面看，玻璃背后的景物应该没有模糊、失真的效果。厚 5mm 的平板玻璃的价格约为 30 元 /m²，裁切时要加入 20% 的损耗（见图 5-58 ）。

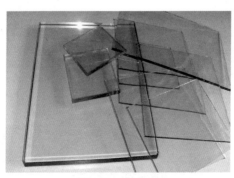

图5-58　平板玻璃

5.8.2 钢化玻璃

钢化玻璃是采用将普通平板玻璃通过加热到一定温度后再迅速冷却的方法进行特殊处理的玻璃，又称为安全玻璃。钢化玻璃特性是强度高，其抗弯曲强度、耐冲击强度比普通平板玻璃高 4~5 倍。在遇到超强冲击破坏时，碎片呈分散细小颗粒状，无尖锐棱角。钢化玻璃同时可以制成曲面玻璃、吸热玻璃等。

钢化玻璃厚度一般为 6~12mm，价格是同等规格普通平板玻璃的 2 倍左右。钢化玻璃主要用于玻璃幕墙、无框玻璃门窗、弧形玻璃家具等方面。目前，厚度大于 8mm 的玻璃产品一般都是钢化玻璃，厚 10~12mm 的钢化玻璃使用最多。钢化玻璃都要定制加工，除了裁切时要加入 20％的损耗外，四周也要经过磨边处理，具体价格根据当地市场行情来定。整体而言，同等规格的钢化玻璃的价格是普通平板玻璃的 2 倍左右（见图 5-59）。

图5-59 钢化玻璃

5.8.3 磨砂玻璃

磨砂玻璃是在平板玻璃的基础上加工而成的，又称为毛玻璃，表面朦胧、雅致，具有透光不透形的特点，能使室内光线柔和且不刺眼。磨砂玻璃是以普通玻璃为基础进行加工的，有多种规格，可以根据使用要求进行现场加工，主要用于装饰灯罩、玻璃屏风、推拉门、柜门、卫生间门窗等。

厚 5mm 的双面磨砂玻璃价格约为 35 元 /m²，单面磨砂玻璃价格约为 40 元 /m²。单面磨砂玻璃对磨砂的平整度要求较高，一般用于厨房推拉门，可以将光滑的一面置于厨房一侧，防止油烟吸附在玻璃上。磨砂玻璃裁切时也需要加入 20% 的损耗（见图 5-60）。

图5-60 磨砂玻璃

5.8.4 压花玻璃

压花玻璃是将熔融的玻璃浆在冷却过程中采用带图案的辊轴辊压制成，又称为花纹玻璃或滚花玻璃。压花玻璃具有透光不透形的特点，其表面压有各种图案花纹，所以具有良好的装饰性，给人素雅清新、富丽堂皇的感觉，并具有屏护隐私的作用和一定的透视装饰效果。压花玻璃的厚度一般只有 3mm 与 5mm 两种。

压花玻璃的形式很多，目前不少厂商还在推出新的花纹图案，甚至在压花的效果上进行喷砂、烤漆、钢化处理，效果特异，价格也因图案不同而高低不齐。压花玻璃的厚度以 5mm 为主要规格，用于玻璃柜门、卫生间门窗等部位。厚 5mm 的压花玻璃价格为 35~60 元 /m^2，具体价格根据花型来定，裁切时要加入 20% 的损耗（见图 5-61）。

图5-61　压花玻璃

5.8.5　雕花玻璃

雕花玻璃是在普通平板玻璃上，用机械或化学方法雕刻出图案或花纹的玻璃。雕花图案透光不透形，有立体感，层次分明，效果高雅。雕花玻璃分为人工雕刻与电脑雕刻两种，其中人工雕刻是利用娴熟刀法的深浅与转折配合，表现出玻璃的质感，使所绘图案予人以呼之欲出的感受。电脑雕刻又分为机械雕刻与激光雕刻，其中激光雕刻的花纹细腻、层次丰富。

雕花玻璃可以配合喷砂效果来处理，图形、图案丰富。雕花玻璃一般根据图样订制加工，常用厚度为 3mm、5mm、6mm，尺寸和价格根据花型与加工工艺来定（见图 5-62）。

图5-62　雕花玻璃

5.8.6　夹层玻璃

夹层玻璃属于复合材料，它是在两片或多片平板玻璃之间嵌夹透明塑料薄片，再经过热压黏合而成的平面或弯曲的复合玻璃制品，也是一种安全玻璃。夹层玻璃的主要特性是安全性好，抗冲击强度优于普通平板玻璃，防护性好，并有耐光、耐热、耐湿、耐寒、隔音等特殊功能。夹层玻璃在生产过程中具有可设计性、可加工性。其中还可以夹入铁丝，称为夹丝玻璃，它是将普通平板玻璃加热到红热软化状态时，再将预热处理过的铁丝或铁丝网压入玻璃中间而制成。夹丝玻璃的特性是防火性能优越，可遮挡火焰，在高温燃烧时不易炸裂，即使破碎后也不会造成碎片伤人。另外，夹丝玻璃还有防盗性能，玻璃被割破后还有铁丝网阻挡。夹层玻璃多用于与室外接壤的门窗、幕墙、屋顶天窗、阳台窗，起到隔音、保温的作用。根据品种不同，夹层玻璃的一般整体厚度为8~25mm，规格为800mm×1000mm、900mm×1800mm，夹层数量为2~3层，价格也随之变动（见图5-63）。

图5-63　夹层玻璃

5.8.7　彩釉玻璃

彩釉玻璃是将无机釉料（油墨）印刷到玻璃表面，然后进行烘干、钢化或热化加工处理。它采用的玻璃基板一般为平板玻璃或压花玻璃，厚度一般为5mm。彩釉玻璃釉面不脱落，色泽及光彩能保持常新，背面涂层能抗腐蚀、抗真菌、抗霉变、抗紫外线，能耐酸、耐碱、耐热，还能不受温度与天气变化的影响。彩釉玻璃可以做成透明彩釉、聚晶彩釉、不透明彩釉等品种，颜色超过上百品种。彩釉玻璃以压花形态的居多，一般用于装饰背景墙或家具构造局部点缀，价格为 80 元 /m² 以上，取决于花形、色彩，适合装饰构造、背景墙、家具等小范围使用（见图 5-64 ）。

图5-64　彩釉玻璃

5.8.8　玻璃砖

玻璃砖又称为特厚玻璃，有空心砖和实心砖两种，其中空心砖使用最多。空心玻璃砖以烧熔的方式将两块玻璃胶合在一起，可依玻璃砖的尺寸、大小、花样、颜色来制作不同的外观样式。依照尺寸的变化，可以在室内外空间设计出直线墙、曲线墙以及不连续墙的玻璃墙。

空心玻璃砖不仅可以用于砌筑透光性较强的墙壁、隔断、淋浴间等，还可以应用于外墙或室内间隔，为使用空间提供良好的采光效果，并有延续空间的感觉。无论是单块镶嵌使用还是整片墙面使用，皆可有画龙点睛之效。玻璃砖的边长规格一般为190mm，厚度为80mm，价格约为12~20元/块（见图5-65）。

图5-65 玻璃砖墙体

小贴士

玻璃砖的鉴别技巧

空心玻璃砖的玻璃体之间不能存在熔接与胶接不良，玻璃砖的外观不能有裂纹，玻璃坯体中不能有未熔物，目测砖体不应有波纹、气泡、条纹及玻璃坯体中的不均物质。玻璃砖的外表面内凹应小于1mm、外凸应小于2mm，重量应符合质量标准，无表面翘曲及缺口、毛刺等质量缺陷，角度要方正。

5.9 壁纸织物

随着技术进步，壁纸也在不断变更、改良，现代壁纸的花色品种、材质和性能都有了极大的提高，新型壁纸不仅花色繁多，清洁起来也非常简单，用湿布可以直接擦拭。因此，在欧

美、日韩，超过 60%的家居空间都使用了壁纸。很多壁纸都以
商品名的形式出现在市场上，很难区分，下面就详细介绍壁纸
的种类与应用。

5.9.1 壁纸的种类

1. 纸面壁纸

纸面壁纸是最早出现的壁纸，是直接在纸张表面上印制图
案或压花，基底透气性好，能使墙体基层中的水分向外散发，
不致引起变色、鼓泡等现象。这种壁纸价格便宜，缺点是性能
差、不耐水、不便于清洗、容易破裂，目前已逐渐被淘汰，属
于低档次壁纸。

2. 塑料壁纸

塑料壁纸是目前生产最多、销量最大的一种壁纸，它是以
优质木浆纸为基层，以聚氯乙烯塑料（PVC 树脂）为面层，
经过印刷、压花、发泡等工序加工而成，塑料壁纸的底纸要耐
热、不卷曲，有一定的强度，一般为 $80\sim100\mathrm{g/m^2}$ 的纸张。塑
料壁纸品种繁多、色泽丰富，图案也多种多样，有仿木纹、石
纹、锦缎纹的，也有仿瓷砖和黏土砖的，在视觉上可以达到以
假乱真的效果（见图 5-66）。塑料壁纸具有一定的抗拉强度，
耐湿，具有伸缩性、韧性、耐磨性、耐酸碱性，吸声隔热，美
观大方，施工方便。

3. 纺织壁纸

纺织壁纸是壁纸中较高级的品种，主要是用丝、羊毛、
棉、麻等纤维织成，质感佳、透气性好，用它装饰家居，能给
人以高雅、柔和、舒适的感觉（见图 5-67）。

图5-66 塑料壁纸

图5-67 纺织壁纸

4. 天然壁纸

天然壁纸是一种用草、麻、木材、树叶等天然植物制成的壁纸，如麻草壁纸，它是以纸作为底层，编织的麻草为面层，经过复合加工而成，也有采用珍贵树种的木材切成薄片制成的。天然壁纸具有阻燃、吸音、散潮的特点，装饰风格自然、古朴、粗犷，给人以置身于自然原野的美感（见图5-68）。

图5-68　天然壁纸

5. 金属膜壁纸

金属膜壁纸是在纸基上压制 1 层铝箔而制得，具有不锈钢、黄金、白银、黄铜等金属的质感与光泽，无毒、无气味、无静电，耐湿、耐晒，可擦洗，不褪色，属于高档墙面裱糊材料。用这种壁纸装修的家居环境能给人以金碧交辉、富丽堂皇的感受（见图 5-69）。

图5-69　金属膜壁纸展示

6. 液体壁纸

液体壁纸是一种新型的艺术装饰涂料，为液态桶装，通过专有模具（见图5-70）涂刷，可以在墙面上做出风格各异的图案。该产品主要取材于天然贝壳类生物壳体表层，黏合剂也选用无毒、无害的有机胶体，是真正天然、环保产品。

图5-70 液体壁纸

液体壁纸不仅克服了乳胶漆色彩单一、无层次感及壁纸易变色、翘边、起泡、有接缝、寿命短的缺点，还具有乳胶漆易施工、寿命长的优点和普通壁纸图案的精美，是集乳胶漆与壁纸的优点于一身的高科技产品。

小贴士

特种壁纸

1）荧光壁纸，在印墨中加有荧光剂，在夜间会发光，常用于娱乐室或儿童房。

2）腰带壁纸，主要用于墙壁顶端，或沿着护壁板上部以及门框的周边铺贴，腰带壁纸的边缘装饰为壁纸的整体装饰起到了画龙点睛的作用。此外，还有防污灭菌壁纸、健康壁纸等。

3）静电植绒壁纸

静电植绒壁纸是用静电植绒法将合成纤维的短绒植于纸基上而成。壁纸有丝绒的质感和手感，不反光，有一定的吸音效果，无气味，不褪色；缺点是不耐湿，不耐脏，不便于擦洗，一般只用于点缀性的局部装饰。

4）玻璃纤维壁纸

在玻璃纤维布上涂以合成树脂糊，经过加热塑化、印刷、复卷等工序加工而成，它要与涂料搭配，即在壁纸的表面刷高档丝光面漆，颜色可以随涂料色彩进行任意搭配。

5.9.2 壁纸的应用

1. 壁纸的规格

现代壁纸的花色品种、性能都有了极大的提高。壁纸的规格有以下几种：窄幅小卷的宽 530~600mm，长 10~12m，每卷可铺贴 5~6 m^2；中幅中卷宽 760~900mm，长 25~50m，每卷可铺贴 20~45 m^2；宽幅大卷宽 920~1200mm，长 50m，每卷可铺贴 40~50 m^2。其中，宽幅壁纸虽然大气、豪华，但是在施工中浪费较大，为了使装饰效果美观，必须经过错位裁切，因此，不宜盲目选用宽幅壁纸。中档塑料壁纸的价格一般为 60~100 元 /m^2，很多经销商承诺安装到位。选购壁纸的关键在于鉴别壁纸是否结实耐用，用力拉扯壁纸应该不变形、不断裂。

2. 壁纸的选用

1）根据铺贴面积和位置选用。壁纸一般应铺贴在通风、透气、干燥的房间，如楼层较高、采光充足、通风良好的房间，对于卫生间、厨房、背光走道、无窗储藏间等空间，最好不要铺贴壁纸，避免壁纸受潮发霉或脱落。在气候变化较大的地区，应该选用适应性较强的塑料壁纸，面积大的房间多用图案、花纹较大的壁纸，局部墙面、家具表面可铺贴图案、花纹较小的壁纸。

2）根据家居空间设计选用。例如，中式古典风格的客厅可以选用书法文字图案的壁纸，整体色调以浅棕色、浅褐色、米色为主。儿童房可以选用动物、花卉、卡通图案的壁纸，避免让孩子觉得枯燥，但最好不要全部铺贴。

➋ 5.10 油漆涂料

油漆和涂料的概念并无太大差别。只是油漆多指以有机溶剂为介质的油性漆，或是某种产品的习惯名称；涂料是指能牢固覆盖在装修构造表面的混合材料，能对装修构造起保护、装饰的作用。油漆涂料具有很强的挥发性，应当选用环保产品。在装修时，各种产品还需适宜搭配，以满足不同部位、不同材料的使用需要。

5.10.1 混油

混油又称为铅油，是采用颜料与干性油混合研磨而成的产品，外观黏稠，加清油溶剂搅拌后方可使用。这种漆遮覆力强，可以覆盖木质材料纹理，与面漆的黏结性好，经常用作涂刷面漆前的打底，也可以单独用作面层涂刷，但是漆膜柔软、坚硬性较差，适用于对外观要求不高的木质材料打底，或作为金属焊接构造的填充材料（见图5-71）。

图5-71　混油（铅油）

5.10.2　调和漆

现代调和漆是一种高级油漆，一般用作饰面漆，在生产过程中已经经过调和处理，相对于不能开桶即用的混油而言，它不需要现场调配，可直接用于装饰工程施工的涂刷。

1. 油性调和漆

油性调和漆是将干性油与颜料研磨后加入催干剂、溶解剂调配而成的油漆，它吸附力强，不易脱落、松化，经久耐用，但干燥、结膜较慢。磁性调和漆又称为磁漆，是用甘油、松香酯、干性油与颜料研磨后加入催干剂和溶解剂配制而成的油漆，其干燥性能比油性调和漆要好，结膜较硬，光亮平滑，但容易失去光泽，产生龟裂。

2. 水性漆

水性漆是以水作为稀释剂的调和漆，它无毒环保，不含苯类等有害溶剂，施工简单方便，不易出现气泡、颗粒等油性漆常见的毛病，且漆膜手感好。水性漆使用后不易变黄，耐水性优良，不燃烧，并且可与乳胶漆等其他油漆同时施工，但是部分水性漆的硬度不高，容易出划痕。中高档调和漆在市场上成套装销售，一般包括面漆、调和剂及光泽剂等，适用于室内外金属、木材及墙体表面的涂饰。

3. 硝基漆

硝基漆属是一种由硝化棉、醇酸树脂、增塑剂及有机溶剂调制而成的透明漆，属挥发性油漆，是目前比较常见的木器及装修用涂料，具有干燥快、光泽柔和等特点。硝基清漆分为亮光、半哑光、哑光3种，可以根据需要选用。硝基漆的装饰性较好，施工简便，干燥迅速，对涂装环境的要求不高，具有较好的硬度和亮度，不易出现漆膜弊病，修补容易；缺点是漆膜保护作用不好，不耐有机溶剂、不耐热、不耐腐蚀。硝基漆主要用于木器及家具涂装、金属涂装、普通水泥涂装等方面（见图5-72）。

图5-72　硝基漆

5.10.3 乳胶漆

乳胶漆又称为乳胶涂料、合成树脂乳液涂料，是目前比较流行的内墙、外墙装修涂料。传统装修用于涂刷内墙的石灰水、大白粉等材料，由于水性差、质地疏松、易起粉，已被乳胶漆逐步替代。乳胶漆与普通油漆不同，它是以水为介质进行稀释和分解，无毒无害，不污染环境；它有多种色彩、光泽可以选择，装饰效果清新、淡雅。近年较为流行的丝面乳胶漆，涂膜具有丝质哑光，手感光滑细腻如丝绸，能给家居营造出一种温馨的氛围（见图 5-73）。市场上销售的乳胶漆多为内墙乳胶漆，桶装规格一般包括 5L、15L、18L 三种，每升乳胶漆可以涂刷的墙顶面面积为 12~16 m²。

图5-73 丝面乳胶漆装饰效果

乳胶漆价格低廉、经济实惠，是现代装修墙顶面装饰的理想材料。乳胶漆还可以根据室内设计风格来配置色彩，品牌乳胶漆销售商提供计算机调色服务。

5.10.4 真石漆

真石漆是一种水溶性复合涂料，又被称为石质漆，主要是由高分子聚合物、天然彩石砂及相关辅助剂混合而成，干结固化后坚硬如石，看起来像天然花岗岩、大理石一样。真石漆由底漆层、真石漆层、罩面漆层3层组成，涂层坚硬、附着力强、黏结性好，防污性好，耐碱耐酸，且修补容易，耐用10年以上，与之配套施工的有抗碱性封闭底油与耐候防水保护面油（见图5-74）。

真石漆的装饰效果酷似大理石和花岗岩，主要用于客厅、卧室背景墙和具有特殊装饰风格的家居空间；除此之外，还可用于圆柱、罗马柱等装饰上，可以获得以假乱真的效果。真石漆常见桶装规格为5~18kg/桶。

图5-74 真石漆

5.10.5 特殊涂料

1. 防锈漆

防锈漆一般分为油性防锈漆与树脂防锈漆两种。油性防锈漆是经精炼干性油、各种防锈颜料和体质颜料经混合研磨后，加入溶解剂、催干剂制成的，其油脂的渗透性、润湿性较好，结膜后能充分干燥，附着力强，柔韧性好。防锈漆主要用于金属装饰构造的表面，如含铜、铁的各种合金金属（见图5-75）。

图5-75 防锈漆

涂刷防锈漆前，一定要将金属构造表面处理干净，应注意金属结构之间的边角与接缝，因为任何缝隙都有可能产生氧化，进而造成防锈漆脱落。

2. 防火涂料

防火涂料一般涂刷在木质龙骨构造表面，也可以用于钢材、混凝土等材料上，提高使用的安全性。防火涂料可以有效延长可燃材料（如木材）的引燃时间，阻止非可燃结构材料（如钢材）表面温度升高而引起的强度急剧丧失，并能阻止或延缓火焰的蔓延与扩展，使人们争取到灭火与疏散的宝贵时间（见图5-76）。

图5-76 防火涂料

3. 防水涂料

防水涂料分为三种。溶剂型防水涂料是以各种高分子合成树脂溶于溶剂中制成的防水涂料，能快速干燥，可低温施工；乳液型防水涂料是应用最多的品种，它以水为稀释剂，有效降低了施工污染、毒性和易燃性；反应固化型防水涂料是以化学反应型合成树脂（如聚氨酯、环氧树脂等）配以专用固化剂制成的双组分涂料，是具有优异防水性和耐老化性能的高档防水涂料（见图5-77）。

图5-77 厨卫专用防水涂料

4. 硅藻涂料

硅藻是生活在数百万年前的一种单细胞的水生浮游类生物，沉积水底后经过亿万年的积累与地质变迁而成为硅藻泥（见图 5-78）。硅藻涂料目前主要用于住宅、酒店客房的墙面涂装，具有良好的装饰效果。硅藻涂料为粉末装饰涂料，在施工中加水调和使用。硅藻涂料主要有桶装与袋装两种包装，桶装规格为 5~18kg/ 桶，袋装价格较低。

图5-78　硅藻涂料

5.11　五金件

五金配件主要用于各种主材、家具、构造之间的连接，起到牢固的作用。

1. 钉子

钉子的种类、规格较多，如圆钉、气排钉、螺钉、膨胀螺栓等（见图 5-79），选购时应主要观察产品的规格与细节。

可以用尺精确测量钉子的长度、直径等数据，尤其看其长度是否为 15mm、20mm、25mm、30mm 等整数。观察钉子的端头是否平整、锐利，是否锈迹与多余毛刺。

图5-79　钉子

2. 合页

合页又称为轻薄型铰链，房门合页材料一般分为全铜与不锈钢两种。单片合页的标准为 100mm×30mm 和 100mm×40mm，中轴规格在 11~13mm 之间，合页壁厚为 2.5~3mm。为了在使用时开启轻松无噪声，高档合页中轴内含有滚珠轴承，安装合页时也应选用附送的配套螺钉（见图5-80）。

3. 铰链

在家具构造的制作中使用最多的是家具体柜门的烟斗铰链，它具有开合柜门和扣紧柜门的双重功能。目前，用于家具门板上的铰链为二段力结构，其特点是关门时门板在 45° 以前可以在任一角度停顿，45° 后自行关闭。当然，也有一些厂家生产出 30° 或 60° 后就自行关闭的。柜门铰链分为脱卸式和非脱卸式两种，又以柜门关上后遮盖位置的不同而分为全遮、半遮、内藏三种，一般以半遮为主（见图5-81）。

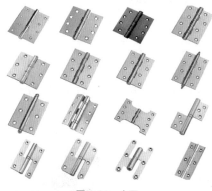

图5-80　合页

图5-81　铰链

4. 滑轨

滑轨使用优质铝合金、不锈钢或工程塑料制作，按功能一般分为梭拉门吊轮滑轨与抽屉滑轨。

1）吊轮滑轨。由滑轨道与滑轮组成（见图5-82），安装于梭拉门上方边侧。滑轨厚重，滑轮粗大，可以承载各种材质门扇的重量。滑轨长度有 1200mm、1600mm、1800mm、2400mm、2800mm、3600mm 等，可以满足不同门扇的需要。

2）抽屉滑轨。由动轨和定轨组成，分别安装于抽屉与柜体内侧两处（见图 5-83）。新型滚珠抽屉导轨分为二节轨、三节轨两种，选择时要求外表油漆和电镀质地光亮，承重轮的间隙和强度决定了抽屉开合的灵活和噪声，应挑选耐磨及转动均匀的承重轮。常用规格一般为 300~550mm。

图5-82 吊轮滑轨

图5-83 抽屉滑轨

小贴士

五金配件镀层

影响铜配件质量的重要因素是电镀的质量，五金件镀层一般应达到 8 层工艺，第 1 层镀碱铜、第 2 层镀胶铜、第 3 层镀酸铜、第 4 层半光镍、第 5 层全光镍、第 6 层镀镍锋、第 7 层镀铬、第 8 层做 12 小时封油，保护所有镀层，确保其表面不会出现黑点、起泡、脱层等不良现象，保证电镀层与基材的使用寿命。

第6章

施工管理必备常识

　　装修工程本就是复杂的工艺，在施工中应严格把握施工流程，理清施工顺序。看似简单的先后顺序其实蕴含很深的逻辑关系，一旦颠倒工序就会造成混乱，甚至严重影响装修质量。装修施工是继设计、材料选购之后的关键环节，装修的最终效果取决于装修施工能否融合图样的设计和材料的品质。为了保证装修效果，设计师应该了解相关的施工工艺。

➲ 6.1　施工管理知多少

6.1.1　全套施工流程

　　装饰施工的工序不能一概而论，要根据实际现场的施工工作量与设计图样最终确定。下面介绍一下常规且标准的施工流程。

1. 基础改造

　　根据设计图样拆除墙体，清除住宅界面上的污垢，对空间进行重新规划调整，在墙面上放线定位，制作施工必备的脚手架、操作台等。

2. 水电隐蔽构造

　　水电工程材料进场，在地、墙、顶面开槽，给水管路铺设，电路布线，给水通电检测，修补线槽。

3. 墙地砖铺贴

　　瓷砖、水泥等材料进场，厨房、卫生间做防水处理，墙地砖铺设，完工养护。

4. 木质构造与家具

　　木质工程材料进场，吊顶墙面龙骨铺设，面板安装及制作，门套窗套制作，墙面装饰施工，木质固定家具制作，木质构件安装调整。

5. 涂料涂饰

涂料材料进场，木质构件及家具涂装施工，壁纸铺贴，顶面、墙面基层抹灰、涂饰，清理养护。

6. 成品安装

电器设备、灯具、卫生洁具安装，地板铺装，整体保洁养护，竣工验收。

7. 竣工验收

装饰公司与业主对装修工程进行验收，发现问题及时整改，绘制竣工图，拍照存档。

小贴士

装修施工注意事项

无论是家装还是工装，施工流程都应严格按照规定顺序执行，前后相邻施工项目可以交错进行，家装中限于施工现场空间不大，不宜同时开展 3 种以上的施工项目。降低施工成本，提高施工效率的关键就在于，每项施工结束后都应及时验收，发现问题应尽快整改。

6.1.2 施工基本要求

装饰施工必须保证住宅结构安全，不能损坏受力的梁柱、钢筋；不能在混凝土空心楼板上钻孔和安装预埋件；不能超负荷集中堆放材料和物品；不能擅自改动建筑主体结构或房间的主要使用功能。

施工中不应对公共设施造成损坏或妨碍，不能擅自拆改燃气、暖气、通信等配套设施；不能影响管道设备的使用和维修；不能堵塞、破坏上下水管道和垃圾道等公共设施；不能损坏所在地的各种公共标示；施工堆料不能占用楼道内的公共空间，不得堵塞紧急出口；避开公用通道、绿化地等市政公用设施；材料搬运中要避免损坏公共设施，造成损坏时要及时报告有关部门修复。

装修所用材料的品种、规格和性能应符合设计要求及国家现行有关标准的规定。住宅装修所用材料应按设计要求进行防火、防腐、防蛀处理。施工方和业主应对进场主要材料的品种、规格、性能进行验收，主要材料应有产品合格证书；有特殊要求的应具有相应的性能检测报告和中文说明书；现场配制的材料应按设计要求或产品说明书制作；装修后的室内污染物，如甲醛、氡、氨、苯和总挥发有机物水平应符合国家相关标准规范。

➲ 6.2 项目经理与施工员

装修行业的快速发展，让很多工人的工作得到了解决。一直以来，装修业主都认为寻找本领过硬的施工员比登天还难，装饰公司的施工队价格高，设计师与项目经理都要从中获得提成。于是，优秀的施工员的地位在业内提高了不少。

6.2.1 项目经理

项目经理是家装的主要负责人，一般正规且专业的项目经

理均持证上岗，是很多装饰公司面向客户的主要窗口。业主对
装修施工的最大期望是安全、顺利、严谨，满足这些的关键还
是在于施工员的人品与责任心。家装工艺复杂，需要大量不同
工种的施工员协同操作，任何业主都不可能与每位施工员单独
交流，辨别他们的施工水平与信誉。因此，要想合理有效地组
织施工员顺利展开家装施工，只需要找好项目经理即可。装修
经理负责统筹整个装修施工，安排并组织全套施工，每个工种
的施工员也都听从项目经理的安排，因为施工员的工资都由项
目经理核实发放。施工员的组织管理核心在于项目经理，与其
选择施工员和施工队，还不如选择正确的项目经理。

　　优秀的项目经理一般在大中型公司任职。他们大都待人谦
和耐心，善于表达，熟悉装修施工各个环节，能亲自参与到施
工中去，与施工员打成一片；还能熟练运用各种装修工具，能
临时替补任何一名缺席的施工员，具有开拓创新思维和一定的
时尚品位，能够在原有设计图样的基础上提出更前卫、更符合
业主房屋装修风格的修改方案。

6.2.2　施工员

　　家居装修内容较多，技术工种也不少，在每年的装修旺
季，很多热门施工员的时间、精力有限，无法承接更多业务，
因此就出现了不少"兼职"施工员，他们本不从事相关的技术
工作，而在人手不够时，他们往往会仓促上阵，给施工质量带
来隐患。例如，水工与电工的施工效率较高，工具利用率高，
施工周期相对短，常常就混淆不清。虽然两者技术含量比较接
近，但还是存在很大区别，国家认定的上岗证与技能等级证书

均不同，因此不能相互替代。

此外，装修施工队不能与建筑施工队混淆，装修施工与建筑施工虽然有联系，但是联系不大，装修施工讲求精、细、慢，大多为独立施工，对施工质量有特别严格的要求，装修结束后即可入住使用，装修构造表面再没有其他东西掩盖、装饰。例如，从事地砖铺贴与墙砖砌筑的同样是泥瓦工，但地砖铺贴要求更细致，表面再无水泥砂浆抹灰掩盖。又比如，装修木工制作的家具要反复校正边缘的精确度，棱角边缘要求平直、光滑但又不锐利，而建筑施工讲求集体协调，统筹并进，技术操作要领没有装修施工细致，很多成品构造都依靠后期装修来掩盖。

另外，几乎在每个城市的大街小巷都活跃着一支这样的队伍，他们站在马路边，身前放着"水电""木工"的牌子，可以称之为"马路游击队"。关于装修的投诉居高不下，其中有不少是"马路游击队"造成的，每年都有不少想省事或想省钱的消费者，找到无照无证的"马路游击队"来替他们装修，结果都会造成如漏水、地面开裂和墙体剥落等严重问题，让消费者在头疼之余不免悔不当初。尽管这样，"马路游击队"仍然活跃在装修行业中。

➜ 6.3 永恒的承包方式

合同中最为重要的内容是装饰工程的承包方式及装修方的责任义务。装饰工程的承包方式一般有 3 种：清包、半包、全包，这是装修常见的三种承包方式，优缺点也很分明。无论采取什么承包方式，都得仔细考察施工队伍。

6.3.1 全包

全包也叫包工包料装修，是指装饰公司或项目经理根据业主所提出的装饰装修要求，承担全部工程的设计、材料采购、施工、售后服务等一条龙工程，这种承包方式也被很多装修户所接受。但是这种承包方式一般适用于对装饰市场及装饰材料不熟悉的装修业主，他们又没有时间和精力去了解这些情况。采取这种方式的前提条件是，装饰公司或项目经理必须深得业主信任，不会因责权不分而出现各种矛盾，同时也能为装修业主节约宝贵的时间。这样的装修方式省事省力，可以为客户省去很多麻烦。装饰公司常与材料供应商打交道，有自己固定的供货渠道和相应的检验手段，因此很少买到假冒伪劣的材料（特殊情况除外）。装修公司对于常用的材料大批购买，因此能拿到很低的价格。这也给装修带来了质量上的保证。

6.3.2 包清工

包清工是指装饰公司或项目经理提供设计方案、施工人员和相应设备，而装修业主自备各种装饰材料的承包方式。这种方式适合于对装饰市场及材料比较了解的业主，业主自行购买装饰材料。但在工程质量出现问题时，双方容易责权不分，部分施工员在施工过程中不多加考虑，随意取材下料，造成材料大肆浪费，这些都需要装修设计师在时间和精力上有更多的投入。

目前，大型装饰公司业务量广泛，一般不愿意承接没有材料采购利润的工程，而小公司在业务繁忙时会随意聘用"马路游击队"，装饰工程质量最终得不到保证。

6.3.3 包工包辅料

包工包辅料又称为"大半包"，这是目前市面上使用最多的一种承包方式，由装饰公司负责提供设计方案、全部工程的辅助材料采购（基础木材、水泥砂石、油漆涂料的基层材料等）、装饰施工人员管理及操作设备等，而装修业主负责提供装修主材，一般是指装饰面材，如木地板、墙地砖、涂料、壁纸、石材、成品橱柜、洁具、灯具等。这种方式适用于我国大多数家庭的新房装修，装修业主在选购主材时需要消耗相当的时间和精力，但是主材形态单一，识别方便，外加色彩、纹理都需要依个人喜好决定，所以绝大多数家庭用户都乐于这种方式。

包工包辅料的方式在实施过程中，应该注意保留所购材料的产品合格证、发票、收据等文件，以备在发生问题时与材料商交涉，合同的附则上应写明甲乙双方各自提供的材料清单。

虽然包工包辅料是当前最常见的装修施工承包方式，但是要明确指出业主与施工方分别承包的材料品种与数量，需要单独列出材料清单，否则容易发生纠纷。

➲ 6.4 基础施工要完善

正式施工前要做好基础工作，这类工作没有固定内容，主要根据业主与设计要求来定制，如清理施工现场、房屋加固与改造、墙体拆除与砌筑等三大常规项目。清理施工现场能获得干净、整洁的施工环境，是装修施工交接与核对工程量的重要环节。房屋加固与改造主要是针对二手房，以提高房屋的耐用性与安全性。墙体拆除与砌筑就最常见不过了，关键在于正确识别墙体性质，做到在拓展起居空间的同时，保证施工安全。

6.4.1 清理施工现场

清理施工现场是指将准备开始装修的住宅室内都清理干净，为正式开工做好准备，清理施工现场主要包括以下两个方面内容。

1. 界面找平

界面找平是指将准备装修的各界面表面清理平整，填补凹坑，铲除凸出的水泥疙瘩；经过仔细测量后，校正房屋界面的平直度。首先目测装修界面的平整度，用粉笔在凹凸界面上做标记，用凿子和铁锤在凸出的水泥疙瘩与混凝土疙瘩处敲击，使之平整。配置 1 : 3 水泥砂浆，调和成较黏稠的状态，填补至凹陷部位。对填补水泥砂浆的部位抹光找平，湿水养护（见图 6-1）。

图6-1 界面找平

小贴士

界面找平施工要点

1）在白色涂料界面上应用红色或蓝色粉笔做标识，在素面水泥界面上应用白色封边标识。界面找平后，应及时擦除粉笔记号，以免干扰后续水电施工标识。

2）用凿子与铁锤拆除水泥疙瘩与混凝土疙瘩时，应控制好力度，不能破坏楼板、立柱结构。厨房、卫生间、阳台等部位不应如此操作，以免破坏防水层。

3）外露的钢筋应仔细判断其功能，不宜随意切割，不少钢筋末端转角或凸出具有承载拉力的作用，可以采用1∶3水泥砂浆掩盖。

4）填补1∶3水泥砂浆后应至少养护7天，在此期间可以进行其他施工项目，但不能破坏水泥砂浆表面。

2. 定位标高线

标高线是指在墙面上绘制的水平墨线条，应在墙面找平后进行。标高线距离地面一般为0.9m、1.2m或1.5m，这3个高度任选其一绘制即可。施工员用红外水平仪或激光水平仪，将其放在房屋正中心，将高度升至0.9m、1.2m或1.5m，打开电源开关，周边墙面即会出现红色光影线条。用卷尺在墙面上核实红色光影线条的位置是否准确，再次校正水平仪高度。沿着红色光影线条，使用油墨线盒在墙面上弹出黑色油墨线，待干。

定位标高线的作用是方便施工员找准水平高度，方便墙面开设线槽、制作家具构造等，能随时获得准确的位置，提高后续施工的效率。不必为局部尺寸定位而反复测量。

6.4.2 房屋加固与改造

对于二次装修或二手房，应在装修前仔细检查房屋的安全性，尤其是房龄超过 10 年的住宅建筑，查找瑕疵更要特别仔细。其中，砖墙、立柱、横梁是加固与改造的重点。

整体加固法是指凿除原墙体表面抹灰层后，在墙体两侧设钢筋网片，采用水泥砂浆或混凝土进行喷射加固。这种方法简单有效，经过整体加固后的墙体又称为夹板墙。墙体加固的方法很多，下面介绍一种整体加固法，适用于现在大多数的商品住宅（见图 6-2、图6-3、图 6-4）。

图6-2 拉线定位

图6-3 绑扎铁丝网

图6-4 房屋加固

施工步骤:

1)察看墙体损坏情况,确定加固位置,并对原墙体抹灰层进行凿除。

2)在原墙体上放线定位,并依次钻孔,插入拉结钢筋。

3)在墙体两侧绑扎钢筋网架,并与拉结钢筋焊接。

4)采用水泥砂浆或细石混凝土对墙体做分层喷射,待干后湿水养护7天。

小贴士

墙体加固施工要点

1)整体加固的适用性较广,能大幅度提高砖墙的承载力度,但是不宜用于空心砖墙。由于加固后会增加砖墙重量,因此,整体加固法不能独立用于2层以上砖墙,需先在底层加固后,再进行上层施工。

2)穿插在墙体中的钢筋为6~8mm,在墙面上的分布间距应小于500mm。穿墙钢筋出头后应做90°弯折后再绑扎钢筋网架。穿墙孔应用电锤做机械钻孔,不能用钉凿敲击。绑扎在墙体两侧的钢筋网架网格尺寸为500mm×500mm左右,仍采用6~8mm钢筋,对于损坏较大的砖墙可适当缩小网格尺寸,但网格边长应大于300mm。砖墙两侧的钢筋网架与墙体之间的间距为15mm左右。

3)采用1:2.5水泥砂浆喷涂时,厚度为25~30mm,分3~4遍喷涂。采用C20细石混凝土喷涂时,厚度为30~35mm,分2~3遍喷涂,相邻两遍之间要待初凝后才能继续施工。

4）喷浆加固完毕后，应根据实际情况有选择地做进一步强化施工。

5）由于喷浆施工就相当于底层抹灰，因此一般只需采用1：2水泥砂浆做1遍厚5~8mm面层抹灰即可，最后找平边角部位，做必要的找光处理。

6.4.3 裂缝修补

砖墙裂缝属于住宅建筑的常见问题，相对于需要加固墙体而言，裂缝一般只影响美观，当裂缝宽度小于2mm时，砖墙的承载力只降低10%左右，对实际使用并无大的影响。一般而言，只要裂缝宽度小于2mm，且单面墙上的裂缝数量为3条左右，裂缝长度不超过墙面长或高的60%，且不再加宽、加长就不必修补。如果裂缝在1年内有变长、变宽的趋势，就需要及时改造。

适用于装修的裂缝修补方法可以采用抹浆法，抹浆法是指采用钢丝网挂接在墙体两侧，再抹上水泥砂浆的修补方法。

施工步骤：

1）先察看墙体裂缝的数量与宽度，确定改造施工方案，并铲除原砖墙表面的涂料、壁纸等装饰层，露出抹灰层。

2）然后将原砖墙表面的装饰材料铲除干净，不能有任何杂质存留。原墙面应完全露出抹灰层，并凿毛处理，但不能损坏砖体结构，清除后须扫净浮灰。将原抹灰层凿毛并清理干净，放线定位。

3）编制钢丝网架，使用水泥钉固定到墙面上，并对墙面进行湿水处理。

4）最后用 1∶2 的水泥砂浆进行抹灰，水泥应采用 42.5 #硅酸盐水泥，掺入 15%的 801 胶。抹灰分 3 遍进行，第 1 遍应基本抹平钢筋网架与墙面之间的空隙，第 2 遍应完全遮盖钢筋网架，第 3 遍可采用 1∶1 水泥砂浆找平表面并找光。全部抹灰厚度为 30~40mm，待干后湿水养护 7 天（见图 6-5、图 6-6、图 6-7）。

图6-5　墙面裂缝

图6-6　对墙面进行湿水处理

图6-7　裂缝修补

小贴士

1. 温差裂缝

在一年四季中，由温度变化引起的砖墙裂缝不在少数，主要是砌筑材料在日照等温度变化较大的条件下，受材料膨胀系数不同而产生温度裂缝。因此，要在墙体表面增加保护层，防止并减缓温度差异。常见的方法是在装饰层与砌筑层之间铺装聚苯乙烯保温板，或涂刷柔性防水涂料，并在此基础上铺装 1 层防裂纤维网。

2. 材料裂缝

使用低劣的砌筑材料也会造成裂缝。尤其是新型轻质砌块，各地的生产标准与设备都不同，其裂缝主要是由材料自身的干缩变形所引起的，选购建房、改造砌筑材料时要特别注重材料的质量。此外，还应采用稳妥的施工工艺，施工效率较高的铺浆法易造成灰缝砂浆不饱满、易失水且黏结力差，因此应采用"三一"法砌筑（即一块砖、一铲灰、一揉挤）。砌块应提前 1 天湿润，砌筑时还应向砌筑面适量浇水。每天的砌筑高度应小于 1.4m。在长度大于 3.6m 的墙体单面应设伸缩缝，并采用高弹防水材料嵌缝。

6.4.4 住宅室内加层

室内加层适用于室内空间较高的住宅，采用各种结构材料在底层或顶层空间制作楼板，从而达到增加住宅使用空间的目的，这种加层方法又被称为架设阁楼。一般而言，只要单层住宅净空高度大于 3.6m，且周边墙体为牢固的承重墙，就可以在室内制作楼板，将 1 层住宅当作 2 层来使用，比较适合将底层住宅改造成店铺，或想在房间内增设储藏间的家庭。为了提高施工效率，降低加层带来的破坏性（见图 6-8、

图6-8 住宅室内加层（一）

图6-9、图6-10），下面介绍一种型钢加层法供参考。

图6-9 住宅室内加层（二）　　　　　　图6-10 住宅室内加层（三）

施工步骤：

1）首先察看住宅室内结构，根据加层需要做相应改造，并在加层室内做好标记。需要加层的室内墙体应为实心砖或砌块修筑的承重墙，墙的厚度应大于250mm。对于厚度小于250mm的墙体或空心砖砌筑的墙体，应做加固处理。

一般而言，在开间宽度小于2.4m的住宅室内，如果开间两侧墙体均为厚度大于250mm承重墙，便可直接在两侧砖墙上开孔，插入150#~180#的槽钢作为主梁，间距600~900mm。槽钢两端搁置在砖墙上的宽度应大于100mm，相邻槽钢之间可采用小于60mm角钢进行焊接，间距300~400mm，形成网格型楼板钢架，并应及时涂刷防锈漆。

2）然后购置并裁切各种规格的型钢，经过焊接、钻孔等工序，采用膨胀螺栓固定在室内的墙面和地面上。型钢的选用

规格与配置方法要根据加层室内的空间面积来确定。

3）型钢构架完成后，即可铺设实木地板，一般应选用厚度大于 30mm 的樟子松木板——坚固耐用且防腐性能好。木板可搁置在角钢上，并用螺栓固定，木板应纵向、横向各铺设 2 层，表面涂刷 2 遍防火涂料，木板之间的缝隙应小于 3mm。

4）最后全面检查各焊接点和螺栓固定点，涂刷 2~3 遍防锈漆，待干后才可继续后期装修。

> 加固与改造施工要考虑施工后给住宅建筑增加的负荷，不能无止境增加构造，给住宅安全带来隐患。

6.4.5 墙体拆除与砌筑

墙体拆除可以扩大起居空间，增加室内的使用面积，是当前中小户型装修的必备施工项目，很多房地产开发商也因此不再制作除厨房、卫生间以外的室内隔墙了，这又要求在装修中需要砌筑一部分隔墙来满足房间分隔。拆除与砌筑相辅相成，综合运用才能达到完美的效果。

1. 墙体拆除

拆除墙体改造成门窗洞口，能最大化利用空间，这也是常见的改造手法。拆墙的目的很明确，就是为了开拓空间，使阴暗、狭小的空间变得明亮、宽敞。但在改造施工中要谨慎操作，不能破坏周边构造，保证住宅整体构造的安全性。

施工步骤：

1）首先分析预拆墙体的构造特征，确定能否被拆除，并在能拆的墙面上做出准确标记（见图6-11）。一般而言，厚度小于150mm的砖墙均可拆除，厚度大于150mm的砖墙要辨清其承载功能。

2）使用电锤或钻孔机沿拆除标线做密集钻孔（见图6-12）。砖混结构住宅的砖墙一般不能拆除整面墙，开设门洞、窗洞的宽度应小于2400mm，上部要用C15钢筋混凝土制作过梁作为支撑。墙体两侧应保留宽度大于300mm墙垛。

3）使用大铁锤敲击墙体中央下部，使砖块逐步脱落，再用小铁锤与凿子修整墙洞边缘。将拆除界面清理干净并湿水后采用1：2.5水泥砂浆涂抹平整，对缺口较大的部位要采用轻质砖填补，待干并养护。

图6-11　墙体拆除标记

图6-12　密集钻孔

修整墙洞时可以根据改造设计要求，预埋门窗底框，开口大于2400mm的墙洞还应考虑预埋槽钢作为支撑构件。最后，将墙渣有选择地用于台阶、地坪、花坛砌筑，粗碎的水泥渣可用于需回填、垫高的构造内部，剩余墙渣应清运至当地管理部门指定的地点。

2. 墙体补砌

墙体补砌是在原有墙体构造的基础上重新砌筑新墙。新墙应与旧墙紧密结合，完工后不能存在开裂、变形等隐患。

施工步骤：

1）首先查看砌筑部位结构特征，在住宅底层砌筑主墙、外墙时应重新开挖基础，制作与原建筑基础相同的构造，并用 10~12mm 钢筋与原基础相插接。砌筑室内辅墙时，如果厚度小于 200mm、高度小于 0.3m，就可以直接在地面上开设深 50~100mm 左右的凹槽作为基础。

2）接着放线定位，配置水泥砂浆，使用轻质砖或砌块逐层砌筑。

3）在转角部位预埋拉结筋，补砌墙体的转角部位也应与新砌筑的墙体相一致，并在其间埋设 6~8mm 的拉结钢筋。厚度小于 150mm 的墙体可埋设 2 根为 1 组，厚度大于 150mm 且小于 250mm 的墙体可埋设 3 根为 1 组，在高度上间隔 600~800mm 埋设 1 组。墙体直线达到 4m 左右时，就应设砖柱或构造柱。

4）补砌墙体多采用 1∶3 的水泥砂浆；而抹灰一般分为两层，底层抹灰又称为找平抹灰，采用 1∶3 或 1∶2.5 水泥砂浆，抹厚为 5~8mm，抹平后用钢铲找平，最后湿水养护（见图 6-13、 图 6-14、 图

图6-13 水泥砂浆覆盖钢筋网架

6-15）。

图6-14 墙体修补

图6-15 湿水养护

补砌墙体与旧墙交接部位应呈马牙槽状或锯齿状，平均交叉宽度应大于100mm。尽量选用与旧墙相同的砖进行砌筑。新旧墙之间结合部外表应用 2×25mm 钢丝网挂贴，以防开裂。封闭门窗洞口时，封闭墙体的上沿应用标准砖倾斜 45° 嵌入砌筑。

3. 包砌落水管

包砌落水管属于墙体砌筑施工中的重要环节（见图6-16）。厨房、卫生间里的落水管一般都要包砌起来，这样既美观又洁净。落水管一般都是 PVC 管，具有一定的缩胀性，包落水管时要充分考虑这种缩胀性。落水管的传统包砌

图6-16 包砌落水管

方法是使用砖块砌筑，砖砌的落水管隔音效果不好，从上到下的水流会产生很大的噪声。下面介绍一种流行的包砌落水管的方法。

施工步骤：

1）查看落水管周边环境，在落水管周边的墙面上放线定位，限制包砌落水管的空间。

2）采用 30mm×40mm 的木龙骨绑定落水管，用细铁丝将木龙骨绑在落水管周围。

3）在木龙骨周围覆盖隔音海绵，采用宽胶带将隔音海绵缠绕绑固，再使用防裂纤维网将隔音绵包裹，使用细铁丝绑扎固定。

4）在表面上涂抹 1 : 2 的水泥砂浆，采用金属模板找平校直，湿水养护 7 天以上才能进行后续施工。

> 如果没有特殊使用要求，不建议拆除现有隔墙，同时控制增加砌筑的构造，厨房、卫生间的隔墙不能拆除，拆除震动会导致渗水、漏水。

6.5 水电隐蔽是关键

水电施工在装修中又称为隐蔽施工，在现代家装中，水路、电路的各种管线都为暗装施工，即管线都埋藏在墙体、地面和装修构造中，从外观上看不到管线结构，形式美观，使用安全。因此，现代装修对水电施工的质量要求特别高，不允许出现任何差错，一旦埋设到墙体内，再进行维修或改动就很困难了。

6.5.1 水路施工

水路改造是指在现有水路构造的基础上对管道进行调整，水路布置是指对水路构造进行全新布局。水路构造施工主要分为给水管施工与排水管施工两种。下面介绍施工方法。

1. 给水管施工步骤

1）查看厨房、卫生间的施工环境，找到给水管入口。大多数商品房住宅只将给水管引入厨房与卫生间后就不再延伸了，在施工中应就地开口延伸，但是不能改动原有管道的入户方式。

2）根据设计要求放线定位，在墙地面开凿穿管所需的孔洞与暗槽。部分给水管会布置在顶部，管道会被厨房、卫生间的扣板遮住。尽量不要破坏地面防水层。

3）根据墙面开槽尺寸对给水管下料并预装，布置周全后仔细检查是否合理，其后就正式热熔安装，并采用各种预埋件与管路支托架固定给水管。

4）采用打压器为给水管试压（见图6-17），使用水泥砂浆修补孔洞与暗槽（见图6-18）。

图6-17 打压器给水管试压　　　　图6-18 水泥浆覆盖水管

小贴士

给水管施工要点

施工前要根据管路改造设计要求，穿墙孔洞的中心位置要用十字线标记在墙面上，用电锤打洞孔，洞孔中心线应与穿墙管道中心线相吻合，洞孔应平直。安装前还要清理管道内部，保证管内清洁无杂物。

安装时应注意接口质量，同时找准各管件端头的位置与朝向，以确保安装后连接各用水设备的位置正确，管线安装完毕后应清理管路。水路走线开槽应该保证暗埋的管道在墙内、地面内，装修后不应外露。开槽深度要大于管径 20mm。管道试压合格后，墙槽应用 1：3 水泥砂浆填补密实，外层封闭厚度为 10~15mm，嵌入地面的管道应大于10mm。嵌入墙体、地面或暗敷的管道应严格验收。冷热水管安装应左热右冷，平行间距应大于 200mm。

给水管道安装完成后，在隐蔽前应进行水压试验，给水管道试验压力应大于 0.6Mpa。

2. 排水管施工步骤

1）查看厨房、卫生间的施工环境，找到排水管出口。现在大多数商品住宅将排水管引入厨房与卫生间后就不再延伸了，需要在施工中对排水口进行必要的延伸，但是不能改动原有管道的入户方式。

2）先查看厨房和卫生间的环境，找到排水管出口，根据设计要求在地面上测量管道尺寸，可用钢锯手工切割或用切割机裁切管材，管材两端切口应保持平整，用蝴蝶锉除去毛边并进行倒角处理，倒角不宜过大（见图6-19）。厨房地面一般与其他房间等高，如果要改变排水口位置，就只能紧贴墙角做明装，待施工后期再用地砖铺贴转角做遮掩，或用橱柜做遮掩。下沉式卫生间不能破坏原有的地面防水层，管道都应在防水层上布置安装。如果卫生间地面与其他房间等高，那么最好不要对排水管进行任何修改，做任何延伸或变更，否则都需要砌筑地台，这会使出入卫生间十分不便。

图6-19　裁切排水管

3）布置周全后仔细检查是否合理，其后正式胶接安装，黏结排水管前必须进行试组装，清洗插入管的管端外表约50mm长度和管件承接口内壁，再用涂有丙酮的棉纱擦洗一次，然后在两者黏结面上用毛刷均匀地涂上一层黏合剂即可，注意不能漏涂（见图6-20）。并采用各种预埋件与管路支托架固定给水管。

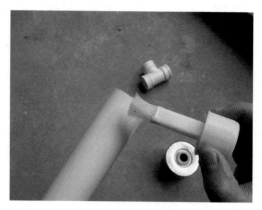

图6-20 涂黏合剂

4）采用盛水容器为各排水管灌水试验，观察排水能力以及是否漏水，局部可以使用水泥加固管道。下沉式卫生间需用细砖渣回填平整，回填时注意不要破坏管道。

小贴士

排水管施工要点

裁切管材时，两端切口应保持平整，锉除毛边并做倒角处理。黏结前必须进行试装。安装PVC排水管应注意管材与管件连接件的端面要保持清洁、干燥、无油，并去除毛边与毛刺。

管道安装时必须按不同管径的要求设置管卡或吊架，位置应正确，埋设要平整，管卡与管道应紧密接触，但不能损伤管道表面。采用金属管卡或吊架时，金属管卡与管道之间应采用橡胶等软物隔垫。安装新型管材应按生产企业提供的产品说明书进行施工。横向布置的排水管应保持一定坡度，一般为 2% 左右。坡度最低处连接到主落水管，坡度最高处连接距离主落水管最远的排水口。每个排水构造底端应具备存水弯构造，如果洁具的排水管不具备存水弯，就应当采用排水管制作该构造。

水路施工的关键在于密封性，施工完毕后应通水检测，确保给水管道中储水时间达 24 小时以上不渗水。排水管道应能满足 80℃ 热水排放。

6.5.2 电路施工

电路施工在装修中涉及的面积最大且复杂，全部线路都隐藏在顶、墙、地面与装修构造中，因而需要严格操作。先根据完整的电路施工图现场草拟布线图，使用墨线盒弹线定位（见图 6-21），用铅笔在墙面上标出线路终端插座及开关面板的位置（见图 6-22）。对照图样检查是否有遗漏。然后在顶、墙、地面开线槽，线槽宽度及数量根据设计要求来定。埋设暗盒及敷设 PVC 电线管，将单股线穿入 PVC 管。接着，安装空气开关、各种开关插座面板、灯具，并通电检测。最后，根据现场实际施工状况完成电路布线图，备案并复印交给下一工序的施工员。

施工要点：

1）设计布线时，执行强电在上、弱电在下、横平竖直、避免交叉、美观实用的原则。使用切割机开槽时，深度应当一致，一般要比 PVC 管材的直径宽 10mm。

图6-21 标高设置

图6-22 安装插座的位置

2）住宅入户应设有强弱电箱，配电箱内应设置独立的漏电保护器，分数路经过空气开关后，分别控制照明、空调、插座等。空气开关的工作电流应与终端电器的最大工作电流相匹配。一般情况下，照明 10A，插座 16A，柜式空调 20A，进户共 40~60A。施工中所使用的电源线截面面积应该满足用电设备的最大输出功率，一般情况下，照明 1.5mm^2，插座及空调挂机 2.5mm^2，空调柜机 4mm^2，进户线 8~10mm^2。

3）PVC 管应用管卡固定，PVC 管接头均用配套接头，用 PVC 胶水粘牢，弯头均用弹簧弯曲构件。暗盒、拉线盒与PVC 管都要用螺钉固定。PVC 管安装好后，统一穿电线，同一回路的电线应穿入同一根管内，但管内总根数应少于 8 根，电线总截面面积（包括绝缘外皮）不应超过管内截面积的 40%，暗线敷设必须配阻燃 PVC 管。

4）当管线长度超过 15m 或有两个直角弯时，应增设拉线盒。吊顶上的灯具位应设拉线盒固定。穿入配管导线的接头应设在接线盒内，线头要留有 150mm 左右，接头搭接应牢固，绝缘带包缠应均匀紧密。安装电源插座时，面向插座的左侧应接零线（N），右侧应接火线（L），中间上方应接保护地线（PE）。保护地线为 2.5mm^2 的双色软线，导线间和导线对地间电阻必须大于 0.5Ω。

5）电源线与通信线不能穿入同一根管内。电源线及插座与电视线及插座的水平间距应大于 300mm，电线与暖气、热水、煤气管之间的平行距离应大于 300mm，交叉距离应大于 100mm，电源插座底边距地宜为 300mm，开关距地宜为 1300mm，挂壁空调插座高 1800mm，厨房各类插座高 950mm，挂式消毒柜插座高 1800mm，洗衣机插座高 1000mm，电视机插座高 650mm。同一室内的插座面板应在同一水平标高上，高差应小于 5mm。安装开关插座面板及灯具宜安排在最后一遍乳胶漆涂装之前进行。

小贴士

电线回路计算

现代电器的使用功率越来越高，要正确选用电线就得精确计算，但是计算方式却非常复杂，现在总结以下规律，可以在设计时随时参考（铜芯电线）：2.5mm^2（16A~25A）≈ 5500W；4mm^2（25A~32A）≈ 7000W；6 mm^2（32A~40A）≈ 9000W。

当用电设备功率过大时，如超过 10000W，就不能随意连接入户空气开关，应当到物业管理部门申请入户电线改造，否则会影响其他用电设备正常工作，甚至影响整个楼层、门栋的用电安全。不仅不能用过细的电线连接功率过大的电器设备，也不能用过出粗的电线连接功率过小的电器设备，因为这样很容易烧毁用电设备。而且电线粗电器功率太小的话，电流会在过粗的电线上造成损失，反而浪费电。

6.5.3 地面回填与找平

地面回填与找平适用于下沉式卫生间与厨房，这是目前大多数商品房住宅流行的构造形式，下沉式建筑结构能自由布设给排水管道，统一制作防水层，这样有利于个性化空间布局。但也会给装修带来困难，即需要大量轻质渣土将下沉空间填补平整。

1. 渣土回填

渣土回填是指采用轻质砖渣等建筑构造废弃材料填补下沉式空间，这需要在下沉空间中预先布设好管道。回填材料不能破坏已安装好的管道设施，也不能破坏原有地面的防水层（见图 6-23、图 6-24、图 6-25）。

图6-23　水泥浆加固管道

图6-24 碎砖填铺地面

图6-25 水平尺校正

施工步骤：

1）回填前，做好水平高程的设置，并进行标高。检查下沉空间中的管道是否安装妥当，采用1：2水泥砂浆加固管道底部，对管道起支撑作用，防止回填材料将管道压弯压破。务必进行通水检测。

2）仔细检查地面原有防水层是否受到了破坏，如已经破坏，应采用同种防水材料修补。大多数下沉卫生间、厨房的基层防水材料为沥青，应选购成品沥青漆，将可能受到破坏的部位涂刷 2~3 遍，尤其是固定管道支架的螺栓周边，应进行环绕封闭涂刷。

3）将墙体拆除后的砖渣仔细铺设到下沉地面，体块边长不宜超过 120mm，配合不同体态的水泥灰渣一同填补，不能采用石料、瓷砖等高密度碎料，以免增加楼板的承重负担。

4）铺设至下沉空间顶部时采用 1：2 水泥砂浆找平，层厚约 20mm，采用水平尺校正，湿水养护 7 天。

2. 地面找平

地面找平是指水电隐蔽施工结束后，对住宅地面填铺平整的施工，主要填补地面管线凹槽。对平整度有要求的室内地面进行找平，以便铺设复合木地板或地毯等轻薄的装饰材料。

施工步骤：

1）检查地面管线的安装状况，通电通水检测无误后，采用 1：2 水泥砂浆填补地面光线凹槽。

2）如果地面铺装瓷砖或实木地板，应采用 1：2 水泥砂浆固定管卡部位，各种管道不应悬空或晃动。此外，注意采用砖块挡住找平区域边缘；如果准备铺装高档复合木地板、地胶或地毯，应选用自流地坪砂浆找平地面，铺设厚度以 20~30mm 为佳，具体铺装工艺根据不同产品的包装说明来执行。对地面进行整体找平时，应预先制作地面标筋线或标筋块，高度一般为 20~30mm，或根据地面高差来确定。标筋线或标筋块的间距为 1.5~2m。最后用钢抹抹光表面，注意采用水平尺随时校正。湿水养护 7 天。

3）仔细清扫地面与边角灰渣。在地面找平完成后，涂刷 2

遍地坪漆，保持地面干燥，将灰砂清理干净即可涂刷。涂刷至墙角时覆盖墙面高度 100mm 左右，以坚固防水功能。

经过回填与找平的地面应当注意高度，卫生间、厨房地面应考虑地面排水坡度与地砖铺装厚度，距离整体房间地面高度应保留 60mm 左右。客厅、卧室地面找平层厚度不宜超过 20mm，否则会增加住宅建筑楼板的负荷。

6.5.4 防水施工

给排水管道都安装完毕后，就需要开展防水施工。所有毛坯住宅的厨房、卫生间、阳台等空间的地面原来都有防水层，但是所用的防水材料不确定，防水施工质量不明确，因此无论原来的防水效果如何，在装修时都应当重新检查并制作防水层。下面分别介绍室内与室外两种防水施工方式。

1. 室内防水施工

室内防水施工主要适用于厨房、卫生间、阳台等经常接触水的空间，施工界面为地面、墙面等水分容易附着的界面。目前用于室内的防水材料很多，大多数为聚氨酯防水涂料与硅橡胶防水涂料，这两种材料的防水效果较好，耐久性较高。下面介绍聚氨酯防水涂料的施工方法。

施工步骤：

1）将厨房、卫生间、阳台等空间的墙地面清扫干净，保持界面平整、牢固，对凹凸不平及裂缝采用 1:2 水泥砂浆抹平，对防水界面洒水润湿。

2）选用优质防水浆料，按产品包装上的说明与水泥按比例准确调配，调配均匀后静置20分钟以上（见图6-26）。

图6-26 调配防水涂料

3）对地面、墙面分层涂覆，根据不同类型防水涂料，一般须涂刷2~3遍，涂层应均匀，间隔时间应大于12小时，以干而不黏为准，总厚度为2mm左右（见图6-27）。

图6-27 涂刷防水涂料

4）须经过认真检查，局部填补转角部位或用水率较高的部位，待干。

5）使用素水泥浆将整个防水层涂刷1遍，待干。

6）采取封闭灌水的方式，进行检渗漏实验，如果48小时后检测无渗漏，方可进行后续施工。

2. 室外防水施工

室外渗水、漏水会给室内装修带来困难。室外防水施工主要适用于屋顶露台、地下室屋顶等面积较大的表面构造，可以采用防水卷材进行施工，大多数商品房住宅的屋顶露台与地下室屋顶已经做过防水层，因此在装修时应避免破坏原有防水层。如果在防水界面进行开槽、钻孔、凿切等施工，就一定要注意修补防水层。

防水卷材多采用聚氨酯复合材料，使用其对屋顶漏水部位做完全覆盖，最终达到整体防水的目的。这种方法适用于漏水点多且无法找出准确位置的住宅屋顶，或用于屋顶女儿墙墙角整体防水修补。聚氨酯防水卷材是一种遮布状防水材料，宽0.9~1.5m，成卷包装，可按米裁切销售，既可用于粘贴遮盖漏水屋顶，又可加热熔化用于涂刷施工，是一种价格低廉、使用多元化的防水材料。

施工步骤：

1）察看室外防水可疑部位，结合室内渗水痕迹所在位置，确定大概的漏水区域，并清理屋顶漏水区域内的灰尘、杂物，用钉凿将漏水区域凿毛，并将残渣清扫干净。

2）加热熔化部分聚氨酯防水卷材，均匀泼洒在凿毛屋顶上，并赶刷平整，将聚氨酯防水卷材覆盖在上面并踩压平整

（见图6-28）。

图6-28 覆盖防水卷材

3）在卷材边缘涂刷 1 遍卷材熔液，将防裂纤维网裁切成条状，粘贴至涂刷处。

4）待卷材边缘完全干燥后，再涂刷 2 遍卷材熔液即可。

小贴士

防水卷材的耐久性

要提高防水卷材的耐久性应当注意保护好施工构造表面，施工完毕后不随意踩压，表面不放置重物，或钉接安装其他构造，发生损坏应及时维修，大多数户外防水卷材保养得当，一般可以保用 5 年以上。聚氨酯防水卷材的综合铺装费用为 100~150 元 / m^2 左右。

➲ 6.6 墙地砖铺装平整

铺装施工技术含量较高，讲究平整、光洁，是家居装修施工的重要面子工程，也是铺装品质的关键。墙地面的装饰效果主要通过墙地砖铺装平整来表现。本节主要介绍墙面地面砖的铺装方法。

6.6.1 铺装墙地砖

一直以来，墙面砖铺装水平都是衡量装修质量的重要参考，现代装修所用的墙砖体块越来越大，如果不得要领，铺贴起来就会很吃力，而且效果也不好。墙面砖与地面砖的性质不同，在铺装过程中应采取不同的施工方法，铺装时要特别注重材料表面的平整度与缝隙宽度。

1. 墙面砖铺装

墙面砖铺装要求粘贴牢固、表面平整，且应符合垂直度标准，具有一定施工难度。

施工步骤：

1）清理墙面基层，铲除水泥疙瘩，平整墙角，但是不要破坏防水层。同时，选出用于墙面铺贴的瓷砖浸泡在水中 3~5 小时后取出晾干（见图 6-29）。

2）配置 1:1 水泥砂浆或素水泥待用，对铺贴墙面洒水，并放线定位，精确测量转角、管线出入口的尺寸并裁切瓷砖。

3）在瓷砖背部涂抹水泥砂浆或素水泥，从下至上准确粘贴到墙面上，保留的缝隙要根据瓷砖特点来定制。

4）采用瓷砖专用填缝剂填补缝隙（见图 6-30），使用干净抹布将瓷砖表面擦拭干净，养护待干。

图6-29 浸泡瓷砖

图6-30 填补瓷砖缝隙

2. 地面砖铺装

地面砖一般为高密度瓷砖、抛光砖、玻化砖等，铺贴的规格较大，不能有空鼓存在，铺贴厚度也不能过高，避免与地板铺设形成较大落差，因此，地面砖的铺贴难度相对较大。

施工步骤：

1）清理地面基层，铲除水泥疙瘩，平整墙角，但是不要破坏楼板结构，选出具有色差的砖块。

2）配置1：2.5水泥砂浆待干，对铺贴墙面洒水，放线定位，精确测量地面转角与开门出入口的尺寸，并裁切瓷砖（见图6-31）。普通瓷砖与抛光砖仍需浸泡在水中3~5小时后取出晾干，将地砖预先摆好并依次标号。

3）在地面上铺设平整且较黏稠的水泥砂浆，依次将地砖铺贴到地面上（见图6-32），保留缝隙。

4）采用专用填缝剂填补缝隙。使用干净抹布将瓷砖表面的水泥擦拭干净，养护待干。

图6-31　切割瓷砖

图6-32　铺设水泥砂浆及瓷砖

3. 锦砖铺装

锦砖又称为马赛克，它具有砖体薄、自重轻等特点，铺贴时要保证每个小瓷片都紧密黏结在砂浆中，不易脱落（见图6-33）。锦砖铺装在铺贴施工中的施工难度最大。

施工步骤：

1）清理墙、地面基层，铲除水泥疙瘩，平整墙角，但是不要破坏防水层。同时，选出用于铺贴的锦砖。

2）配置素水泥待用，或调配专用黏结剂，对待铺贴的墙面和地面洒水，并放线定位，精确测量转角、管线出入口的尺寸并对锦砖进行裁切。

小贴士

墙地砖铺装要点

墙地砖的铺装重点在于四个边角与相邻砖块之间要绝对平整，这需要采用橡皮锤仔细调整（图6-34），砖块之间的缝隙应当紧密一致，这还需要用牙签校正，最后再灌入专用填缝剂，选用厚实且高密度砖材能保证施工质量。

图6-33　阳角玻璃锦砖铺贴工艺　　　　图6-34　橡皮锤敲击防止空鼓

3）在铺贴界面与锦砖背部分别涂抹素水泥或黏结剂，依次准确粘贴到墙面上。保留缝隙。

4）揭开锦砖的面网，采用锦砖专用填缝剂擦补缝隙。使用干净抹布将锦砖表面的水泥擦拭干净，养护待干。

6.6.2　铺装石材

石材的地面铺装施工方法与墙地砖基本一致，但是石材自重较大且较厚，因此墙面铺装方法有所不同，局部墙面铺装可以采用石材黏结剂粘贴，大面积墙面铺装应采取干挂法施工。下面介绍天然石材墙面干挂铺装与人造石材粘贴铺装的施工方法。

1. 天然石材墙面干挂

天然石材质地厚重，在施工中要注意强度要求，墙面干挂施工适用于面积较大的室外墙面装修。

施工步骤：

1）根据设计在施工墙面放线定位，通过膨胀螺栓将型钢固定至墙面上，安装成品干挂连接件。

2）对天然石材进行切割，根据需要在侧面切割出凹槽或钻孔。

3）采用专用连接件将石材固定至墙面龙骨架上。

4）仔细微调石材之间的缝隙与表面的平整度，在边角缝隙处填补聚氨酯胶或填缝剂，进行密封处理。

2. 人造石材墙面粘贴

现代家居装修中多采用聚酯型人造石材，其表面光洁，但是厚度一般为 10mm，不方便在侧面切割凹槽。此外，人造石材的强度不及天然石材，因此不宜采取干挂的方式施工，应采用石材黏结剂粘贴。

施工步骤：

1）清理墙面基层，去除各种水泥疙瘩，采用 1：2 水泥砂浆填补凹陷部位，或对墙面进行整体找平，并进行凿毛处理，根据设计在施工墙面上放线定位。

2）对人造石材进行切割，并对应墙面铺贴部位标号。

3）调配专用石材黏结剂，将其分别涂抹至人造石材背部与墙面，将石材逐一粘贴至墙面；也可以采用双组份石材干挂胶，以点涂的方式将石材粘贴至墙面。点胶的间距应小于200mm，点胶后静置 3~5 分钟再将石材粘贴至墙面上。

4）调整板面平整度，在边角缝隙处填补密封胶，进行密封处理。

石材地面铺装方法与地砖相当，需要采用橡皮锤仔细敲击平整，但是人造石材强度不高，不适用于地面铺装。天然石材墙面干挂的关键在于预先放线定位与后期微调，

应保证整体平整明显接缝。用于淋浴区墙面铺装的石材，在缝隙处应填补硅酮玻璃胶。

6.6.3 玻璃砖砌筑

玻璃砖晶莹透彻，装饰效果独特，在灯光衬托下显得特别精致，是现代家居局部装修的亮点所在，下面介绍空心玻璃砖砌筑与砖缝填补的施工方法。

1. 空心玻璃砖砌筑

空心玻璃砖砌筑施工难度最大，属于较高档次的铺装工程，一般用于卫生间、厨房、门厅、走道等处的隔墙，可以作为封闭隔墙的补充（见图6-35）。

图6-35 玻璃砖做隔墙

施工步骤：

1）清理砌筑墙、地面基层，铲除水泥疙瘩，平整墙角，但是不要破坏防水层。在砌筑周边安装预埋件，并根据实际情况采用型钢加固或砖墙砌筑。

2）选出用于砌筑的玻璃砖，备好网架钢筋、支架垫块、水泥或专用玻璃胶待用。

3）在砌筑范围内放线定位，从下向上逐层砌筑玻璃砖（见图6-36），户外施工要边砌筑边设置钢筋网架，使用水泥砂浆或专用玻璃胶填补砖块之间的缝隙（见图6-37）。

4）采用玻璃砖专用填缝剂填补缝隙，使用干净抹布将玻璃砖表面的水泥或玻璃胶擦拭干净，养护待干，必要时对缝隙做防水处理。

图6-36　从下往上砌筑玻璃砖

图6-37　水泥砂浆填补缝隙

2. 砖缝填补

玻璃砖砌筑完成后，应采用白水泥或专用填缝剂对砖体缝隙进行填补，经过填补的砖缝能遮挡内部钢筋与灰色水泥，具有良好的视觉效果。

小贴士

玻璃砖砌筑应注意问题

玻璃砖墙体施工时，环境温度应高于5℃。一般适宜的施工温度为 5~30℃。在温差比较大的地区，玻璃砖墙施工时需预留膨胀缝。用玻璃砖制作浴室隔断时，也要求预留膨胀缝。砌筑大面积外墙或弧形内墙时，也需要考虑墙面的承载强度与膨胀系数。

在厨房、卫生间等潮湿区域砌筑的玻璃砖隔墙，还需采用白色中性硅酮玻璃胶覆盖缝隙表面，玻璃胶施工应待基层填缝剂完全干燥后再操作。边缘应粘贴隔离胶带，防止玻璃胶污染玻璃砖表面。玻璃砖的砖缝填补方法也适用于其他各种铺装砖材的缝隙处理，尤其适用于墙面砖与地面砖之间的接头缝隙，能有效保证地面积水不渗透到墙地砖背面，造成砖体污染或渗水。玻璃砖砌筑质量的关键在于中央的钢筋骨架，在大多数家装施工中，玻璃砖墙体的砌筑面积小于 2 m²，这也可以不用镶嵌钢筋骨架，但是高度超过 1.5m 的砌筑构造还是应当采用钢筋做支撑骨架。

施工步骤：

1）将砌筑好的玻璃砖墙表面用湿抹布擦拭干净，保持砖缝整洁，深度应一致。

2）将白水泥或专用填缝剂加水适当调和成黏稠状，搅拌均匀，静置 20 分钟以上让其充分熟化。

3）采用小平铲将调和好的填补材料刮入玻璃砖缝隙，保证缝隙表面与砖体平齐，不能有凸凹感。

4）待未完全干时，将未经过调和的干粉状白水泥或专用填缝剂撒在缝隙表面，或用干净的抹布将其擦入缝隙。

→ 6.7 木工操作求细节

构造施工德工作量较大，施工周期最长，内容最多最复杂。随着装修技术的发展，不少家装构造都采取预制加工的方式制作，即专业厂商上门测量，绘制图样，再在生产车间加工，最后运输至施工现场安装。即使如此，仍有很多构造需要在施工现场制作。本节主要讲解吊顶、墙体、家具等构造的制作方法，现如今，这些构造主要仍在施工现场制作，其施工方法总结了多年来的技术与材料革新，以科学、简洁的形式呈现给读者。

6.7.1 顶棚工程

吊顶构造种类较多，家居装修可以通过不同材料来塑造不同形式的吊顶，营造出多样的装修格调，装修中常见的吊顶主要为石膏板吊顶、胶合板吊顶、金属扣板吊顶与塑料扣板吊顶4种。

1. 石膏板吊顶

在客厅、餐厅顶面制作的吊顶面积较大，一般采用纸面石膏板制作，因此称为石膏板吊顶，石膏板吊顶用于外观平整的吊顶造型。石膏板吊顶一般由吊杆、骨架、面层等3部分组成。吊杆承受吊顶面层与龙骨架的荷载，并将重量传递给屋顶的承重结构，吊杆大多使用钢筋。骨架承受吊顶面层的荷载，并将荷载通过吊杆传给屋顶的承重结构。面层具有装饰室内空间、降低噪声、界面保洁等功能。

施工步骤：

1）在顶面放线定位，根据设计造型在顶面、墙面钻孔，安装预埋件。

2）安装吊杆于预埋件上，并在地面或操作台上制作龙骨架（见图6-38）。

图6-38　制作木龙骨架

3）将龙骨架挂接在吊杆上，调整平整度，对龙骨架做防火、防虫处理（见图6-39）。

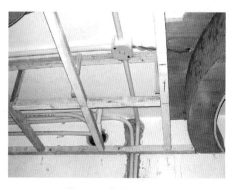

图6-39　挂接木龙骨架

4）在龙骨架上钉接纸面石膏板（见图6-40），并对钉头进行防锈处理，进行全面检查。

图6-40　石膏板吊顶

2. 胶合板吊顶

胶合板吊顶是指采用多层胶合板、木芯板等木质板材制作的吊顶，适用于面积较小且造型复杂的顶面造型，尤其是弧形吊顶造型或自由曲线吊顶造型。由于普通纸面石膏板不便裁切为较小规格，也不便作较大幅度弯曲，因此采用胶合板制作吊顶恰到好处。

施工步骤：

1）在顶面放线定位，根据设计造型在顶面、墙面钻孔，安装预埋件。

2）安装吊杆于预埋件上，并在地面或操作台上制作龙骨架。

3）将龙骨架挂接在吊杆上，调整平整度，对龙骨架进行防火、防虫处理。

4）在龙骨架上钉接胶合板与木芯板，并对钉头进行防锈处理，进行全面检查。

3. 金属扣板吊顶

金属扣板吊顶是指采用铝合金或不锈钢制作的扣板吊顶（见图6-41），铝合金扣板与不锈钢扣板都属于成品材料，由厂家预制加工成成品型材，包括板材与各种配件，在施工中直接安装，施工便捷，部分品牌厂商还承包安装，是现代家居装修的流行趋势。金属扣板吊顶一般用于厨房、卫生间，具有良好的防潮、隔音效果。

图6-41　安装金属扣板

施工步骤：

1）在顶面放线定位，根据设计造型在顶面、墙面放线定位，确定边龙骨的安装位置。

2）安装吊杆于预埋件上，并调整吊杆高度。

3）将金属主龙骨与次龙骨安装在吊杆上，并调整水平。

4）将金属扣板揭去表层薄膜，扣接在金属龙骨上，调整水平后，并全面检查。

4. 塑料扣板吊顶

塑料扣板吊顶是指采用PVC（聚氯乙烯）材料制作的扣板吊顶，塑料扣板一般设计为条形构造，板材之间有凹槽，安装时相互咬合，接缝紧密整齐。目前比较流行的塑料扣板产品是加厚的PVC材料，又称为塑钢扣板，安装方式与传统的塑料扣板相同。塑料扣板吊顶一般用于厨房、卫生间，也可以用于储藏间、更衣间，具有良好的防潮、隔音效果。

施工步骤：

1）在顶面放线定位，根据设计造型在顶面、墙面钻孔，并放置预埋件。

2）安装木龙骨吊杆于预埋件上，并调整吊杆高度。

3）制作木龙骨框架，将其钉接安装在吊杆上，并调整水平。

4）采用帽钉将塑料扣板固定在木龙骨上，逐块插接固定，安装装饰角线，并全面检查。

无论采用哪种材料制作吊顶，最基本的施工要求是表面应光洁平整，不能产生裂缝。当房间跨度超过4m时，一定要在吊顶中央部位起拱，但是中央与周边的高差不得超过20mm。应特别注意吊顶材料与周边墙面的接缝，除了纸面石膏板吊顶外，其他材料均应设置装饰角线以掩盖修饰。

6.7.2 墙体构造制作

砌筑隔墙比较厚重，适用于需要防潮与承重的部位。如今在家居装修中使用更多的是非砌筑隔墙，主要包括石膏板隔墙与玻璃隔墙。此外还需根据不同设计审美的要求，在墙面上制作各种装饰造型，如装饰背景墙造型、木质墙面造型、软包墙面造型等，这些都是家居装修的亮点所在。

1. 石膏板隔墙

在家居装修中，在需要进行不同功能的空间分隔时，最常采用的就是石膏板隔墙了，而砖砌隔墙较厚重，成本高，工期长，除了特殊需要外，现在已经很少采用了。大面积平整纸面石膏板隔墙采用轻钢龙骨做基层骨架，小面积弧形隔墙可以采用木龙骨架与胶合板饰面（见图6-42）。

图6-42　木龙骨架

施工步骤：

1）清理基层地面、顶面与周边墙面，分别放线定位，根据设计造型在顶面、地面、墙面钻孔，放置预埋件。

2）沿着地面、顶面与周边墙面制作边框墙筋，并调整到位。

3）分别安装竖向龙骨与横向龙骨，并调整到位。

4）将石膏板竖向钉接在龙骨上，对钉头进行防锈处理，封闭板材之间的接缝，并进行全面检查。

2. 玻璃隔墙

小贴士

木龙骨石膏板隔墙开裂的原因

木龙骨石膏板隔墙开裂主要是由于木龙骨含水率不均衡，完工后易变形，造成石膏板受到挤压以致开裂。同时，石膏板之间接缝过大、封条不严实也会造成开裂。

石膏板不宜与木质板材在墙面上发生接触，因为两者的物理性质不同，易发生开裂。墙面刮灰所用的腻子质量不高，致使石膏板受潮不均开裂。此外，建筑自身的混凝土墙体结构质量不高，时常发生物理性质变化，如膨胀或收缩，这些都会造成木龙骨石膏板隔墙开裂。

玻璃隔墙用于分隔隐私性不太明显的房间，如厨房与餐厅之间的隔墙、书房与走道之间的隔墙、主卧与卫生间之间的隔墙、卫生间内淋浴区与非淋浴区之间的隔墙等（见图6-43）。

施工步骤：

1）清理基层地面、顶面与周边墙面，分别放线定位，根据设计造型在顶面、地面、墙面上钻孔，放置预埋件。

2）沿着地面、顶面与周边墙面制作边框墙筋，并调整边框墙筋的尺寸、位置、形状。

3）在边框墙筋上安装基架，并调整到位，在安装基架上测定出玻璃安装位置线及靠位线条。

4）将玻璃安装到位，钉接压条，全面检查固定。

图6-43　玻璃隔墙

3. 装饰背景墙造型

装饰背景墙造型是现代家装突出亮点的核心构造。只要经济条件允许，背景墙就可以无处不在，如门厅背景墙、客厅背景墙、餐厅背景墙、走道背景墙、床头背景墙等。背景墙造型的制作工艺要求精致，配置的材料更要丰富，施工难度较大。

施工步骤：

1）清理基层墙面、顶面，分别放线定位，根据设计造型在墙面、顶面上钻孔，放置预埋件。

2）根据设计要求沿着墙面、顶面制作木龙骨，进行防火处理，并调整龙骨尺寸、位置、形状（见图 6-44）。

3）在木龙骨上钉接各种罩面板（见图 6-45），同时安装其他装饰材料、灯具与构造。

4）全面检查固定，封闭各种接缝，对钉头进行防锈处理。

图6-44 背景墙骨架　　　　　　图6-45 安装罩面板

4. 软包墙面造型

软包墙面一般用于对隔音要求较高的卧室、书房、活动室与视听间，采用海绵、隔音棉等弹性材料作为基层，外表覆盖装饰面料，将其预先制作成体块后再统一安装至墙面上（见图6-46），是一种高档墙面装修手法。

图6-46 软包墙面制作

施工步骤：

1）清理基层墙面，放线定位，根据设计造型在墙面上钻孔，放置预埋件。

2）根据实际施工环境对墙面进行防潮处理，制作木龙骨安装到墙面上，进行防火处理，并调整龙骨尺寸、位置、形状。

3）制作软包单元，软包单元的填充材料制作尺寸应正确，棱角应方正，与木基层板黏结紧密，织物面料裁剪时应经纬顺直。

软包单元体块边长不宜大于 600mm，基层可采用 9mm 厚胶合板或 15mm 木芯板制作，在板材上粘贴海绵或隔音棉等填充材料，再用布艺或皮革面料包裹，在板块背面固定马口钉。软包单元要求包裹严密、无缝隙，不能过度拉扯面料而造成纹理变形或破裂。

4）将软包单元固定在墙面龙骨上，应紧贴龙骨钉接，采用气排钉从单元板块侧面钉入至龙骨上，接缝应严密，花纹应吻合，无波纹起伏、翘边、褶皱现象，表面需清洁。软包面料与压线条、踢脚线、开关插座暗盒等交接处应严密、顺直、无毛边，电器盒盖等开洞处的套割尺寸应当准确。安装完毕后应仔细调整缝隙，保持整齐一致。

小贴士

墙体构造制作要点

墙体构造制作的关键在于精确的放线定位，由于墙体尺寸存在误差，并不是标准的矩形，因此要充分考虑板材覆盖后的完整性。局部细节应制作精细，各种细节的误差应小于2mm，制作完成后应进行必要的打磨或刨切，为后续涂饰施工做好准备。应特别注意墙面预留的电路管线，及时将线路从覆盖材料中抽出，以免后期安装时发生遗漏。

6.7.3　家具构造制作

家具是构造施工的主体，很多现代商品住宅的室内面积不大，为了最大化地利用室内空间，家具往往在施工现场根据测量尺寸订制。同等价格，现场制作的家具的构造和环保性会比购买的成品家具要好，内部空间更宽大实用。下面就以衣柜为代表，介绍家具的制作方法。

1. 柜体

常见的木质柜件包括鞋柜、电视柜、装饰酒柜、书柜、衣柜、储藏柜与各类木质隔板，木质柜件制作在木构工程中占据相当比重。现场制作的柜体能与房型结构紧密相连，可以选用更牢固的板材。

施工步骤：

1）清理制作大衣柜的墙面、地面、顶面基层，放线定位。

2）根据设计造型在墙面、顶面上钻孔（见图6-47），放置预埋件。

3）对板材涂刷封闭底漆，靠墙的一面需涂刷防潮漆。根据设计要求制作柜体框架（见图6-48），调整柜体框架的尺寸、位置、形状。

图6-47 墙面钻孔

图6-48 柜体框架

柜体深度应小于700mm，单件衣柜的宽度应小于1600mm，裁切板材应当精确测量（图6-49），过宽的衣柜应分段制作再拼接，板材接口与连接处必须牢固。

图6-49 测量标记

小贴士

柜体制作要点

隔墙衣柜的背面应采用木芯板或指接板封闭，应在顶面、墙面与地面预先钻孔，以便采用膨胀螺钉固定，钻孔间距为 600~800mm。靠墙衣柜的背面可用 9mm 厚胶合板封闭，无须在墙面上预先钻孔，待安装时采用钢钉固定至墙面即可，钢钉固定间距为 600~800mm。应当对组装好的衣柜的边角进行刨切，仔细检查背后的平整度。

纵向隔板之间的水平间距应不超过 900mm，横向隔板之间的垂直间距应不超过 1500mm，用于承载重物的横向隔板下方一定要增加纵向隔板，增加的纵向隔板水平间距可缩小至 450mm。

大衣柜的外部饰面板可选用薄木贴面板，采用白乳胶粘贴至基层木芯板或指接板表面，四周采用气排钉固定即可。也可以采用带饰面的免漆木芯板，或粘贴免漆饰面板，价格稍高但是外表却无须使用气排钉固定，比较美观，还省去油漆涂饰，但是要注意边角保持锐利完整，不能存在破损，否则不方便修补。

4）将柜体框架安装到位，钉接饰面板与木线条收边，薄木贴面板可用颜色接近的实木线条封边，免漆木芯板与免漆饰面板可粘贴 PVC 线条。木质装饰线条收边时应与周边构造平行一致，连接紧密均匀，长短视装饰件的要求而合理挑选，特殊木质花线在安装前应按设计要求选型加工。对钉头进行防锈处理，将接缝封闭平整。

2. 门板

柜体制作完成后，应竖立起来固定到墙面上，固定时应重新测量隔板之间的间距，通过固定柜体来调整柜体框架的平直度。下面介绍制作平开柜门的施工方法。

施工步骤：

1）仔细测量柜体框架上的间距尺寸，在柜体上做好每块门板的标记。

2）根据测量尺寸在板材上放线定位，采用切割机对板材进行裁切（见图6-50），采用刨子做精细加工（见图6-51）。衣柜、书柜等常见柜体的平开门门板应采用优质 E0 级 18mm 厚木芯板制作，长边小于 500mm 的门板可以选用优质 15mm 厚木芯板制作。但是在同一柜体上，柜门厚度应当一致。有特殊设计要求的家具可选用纤维板、刨花板制作，但是长边应小于 500mm，以防止变形。平开门门板宽度一般应小于 450mm，高度应小于 1500mm，有特殊要求的部分柜门宽度不应超过 600mm，高度不应超过 1800mm。

图6-50 裁切板材

图6-51 刨平木板

3）在门板外表面粘贴并钉接外部饰面板，薄木饰面板应先采用白乳胶粘贴至柜门板材上，上方压制重物待 5~7 天后检查平整度，确定平整后再用气排钉沿边缘固定，周边气排钉间距为 100~150mm，中央气排钉间距为 300~400mm。在门板边缘安装装饰边条。目前常用免钉胶粘贴 PVC 装饰边条，制作效率较高，外观平整。

4）在门板背面钻孔开槽，开设孔洞的边缘距离门板边缘应至少保留 50mm，否则容易造成门板变形。安装铰链，将门板安装至柜体进行调试，安装柜门装饰边条，整体调整。

3. 抽屉

抽屉是家具柜体不可缺少的构件，它能更加方便地开关，适合收纳小件物品，是大衣柜的重要组成部分。但是制作抽屉构造比较繁琐，制作数量以够用为佳，制作过多抽屉会提高施工费用。

施工步骤：

1）仔细测量柜体框架上的间距尺寸（见图 6-52、图 6-53），在柜体上做好每件抽屉的标记。

图6-52 测量竖向间距　　　　　图6-53 测量横向间距

2）采用优质木芯板制作抽屉框架，采用胶合板制作抽屉底板，根据测量尺寸在板材上放线定位，采用切割机对板材进行裁切，采用刨子做精细加工。

3）将板材组装成抽屉，并安装滑轨。

4）将抽屉安装至柜体进行调试（见图6-54），安装柜门装饰边条，整体调整。

图6-54　调试

小贴士

抽屉制作要点

衣柜中的抽屉宽度一般应小于600mm，高度应小于250mm，有特殊要求的部分柜门宽度不应超过900mm，高度不应超过350mm。规格过大的抽屉能收纳更多东西，但是滑轨的承受能力有限，容易造成开关困难或损坏。

抽屉内部框架可以采用15mm厚指接板制作，能节省内部储藏空间。抽屉深度应比柜体深度小50mm左右，以便能开关自如，因此滑轨长度应与抽屉实际深度相当。例如，柜体深度为600mm，抽屉深度与滑轨长度为550mm。但是抽屉深度不宜小于250mm，否则无实际使用意义。

家具构造制作的关键在于精准的尺寸，设计图样上的尺寸标注只能当作参考，具体尺寸应根据现场环境反复测量后才能确定。门板与抽屉安装会进行多次调整，初次组装不宜一次性钉接牢固，为进一步调整尺寸留有余地。各种装饰边条的尺寸空间应预先留出，随时注意切割机裁切时造成的尺寸减小。

6.7.4 其他构造制作

除了吊顶、墙体、家具外，构造施工包含的门类还很丰富，不少构造融合了其他技术，所用材料品种也很多样，超出了传统的木质材料，需要多工种全面配合，下面就介绍几种常见木质构造的施工方法。

1. 地台基础

地台是现代家居装修的高级构造，是指在房间中制作具有一定高度的平台，能拓展家居起居空间。地台的高度可以根据设计要求来确定，一般为 100~600mm，主要采用防腐木、木龙骨、木芯板、指接板等木质材料制作。

施工步骤：

1）仔细清理制作地台房间的地面与墙面，进行必要的防潮处理，根据设计要求在地面与墙面上放线定位。

2）采用防腐木或木龙骨制作地台框架，采用膨胀螺丝将框架固定在地面与墙面上。

3）采用木芯板、指接板等木质板材制作地台的围合构造，并在外部安装各种饰面材料。

4）制作地台的台阶、栏板、扶手、桌椅、柜体、门板等
配件构造，安装必要的五金件与玻璃，全面调整。

2. 门窗套

门窗套的实用性很强，主要用于保护门、窗边缘墙角，防
止日常生活中的无意磨损。门窗套还适用于门厅、走道等狭窄
空间的墙角，是现代装修中不可或缺的木质构造。

施工步骤：

1）清理门窗洞口基层，改造门窗框内壁，修补整形，放
线定位，根据设计造型在窗洞口钻孔并安装预埋件。

2）根据实际施工环境对门窗洞口进行防潮处理，如涂刷
防水涂料或地坪漆。制作木龙骨安装到洞口内侧，并进行防火
处理，调整基层尺寸、位置、形状。基层骨架可采用膨胀螺钉
或钢钉固定至门窗框墙体上，钉距一般为 600~800mm。

3）在基层构架上钉接木芯板、胶合板或薄木饰面板（见
图 6-55），将基层骨架封闭平整。

4）钉接相应木线条收边，对钉头进行防锈处理，全面检查。

图6-55 钉接木板

小贴士

门窗套施工要点

门窗洞口应方正垂直（见图6-56），外墙窗台台面可以选用天然石材或人造石材铺装，底部采用素水泥粘贴，周边采用中性硅酮玻璃胶封闭缝隙。

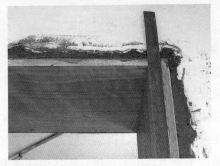

图6-56 洞口垂直检测

门窗套的饰面板颜色、花纹应协调。板面应略大于搁栅骨架，大面应净光，小面应刮直。木纹根部应向下，长度方向需要对接时，花纹应通顺，接头位置应避开视线平视范围，接头应留在横撑上。

门窗套的装饰线条的品种、颜色应与侧面板材保持一致。装饰线条碰角接头为45°，装饰线条与门窗套侧面板材的结合应紧密、平整，装饰线条盖住抹灰墙面宽度应大于10mm。

装饰线条与薄木饰面板均采用气排钉固定，钉距一般为100~150mm。免漆板采用强力万能胶粘贴，免漆板装饰线条与墙面的接缝处应采用中性硅酮玻璃胶黏结并封闭。

3. 窗帘盒

窗帘盒是遮挡窗帘滑轨与内部设备的装饰构造。窗帘盒一般有两种形式，一种是房间内有吊顶的，窗帘盒隐蔽在吊顶内，在制作顶部吊顶时就一同完成了；另一种是房间内无吊顶，窗帘盒固定在墙上，或与窗框套成为一个整体（见图6-57）。无论哪种形式，都可以采用木芯板与纸面石膏板制作。

图6-57　制作窗帘盒

施工步骤：

1）清理墙、顶面基层，放线定位，根据设计造型在墙面、顶面钻孔，安装预埋件。

2）根据设计要求制作木龙骨或木芯板窗帘盒，并进行防火处理，安装到位，调整窗帘盒尺寸、位置、形状。

3）在窗帘盒上钉接饰面板与木线条收边，对钉头进行防锈处理，将接缝封闭平整。

4）安装并固定窗帘滑轨，全面检查调整。

4. 顶角线

顶角线是指房间墙面或家具柜体与顶面夹角处的装饰线

条，由于部分墙面经过装饰，所用材料与顶面不同，为了遮挡由缩胀性带来的缝隙，应当制作顶角线加以修饰。常见的顶角线有石膏顶角线与木质顶角线两种，制作方法虽然不同，但是构造原理基本一致。

常用窗帘盒的高度为100mm左右，单杆宽度为100mm左右，双杆宽度为150mm左右；长度最短应超过窗口宽度300mm，即窗口两侧各超出150mm，最长可以与墙体长度一致。如果窗帘盒外部需安装薄木饰面板、免漆板，应采用与窗框套同材质的板材，安装部位为窗帘盒的外侧面与底面。窗帘滑轨、吊杆等构造不应安装窗帘盒上，应安装在墙面或顶面上。如果有特殊要求，窗帘盒的基层骨架应预先采用膨胀螺钉安装在墙面或顶面上，保证安装强度。

施工步骤：

1）清理墙面、顶面基层，进行必要的找平处理，墙顶面转角应保持标准的90°，并放线定位。

2）根据房间长度裁切石膏线条或木质线条。切割时，应采用手工钢锯切割，不能采用切割机操作，应采用量角器测量出末端的45°，用铅笔做好标记。

3）调和石膏粉黏结剂，可以根据实际情况掺入10%的901建筑胶水，将调和好的黏结剂静置20分钟后再涂抹至石膏线条背面。将石膏线条粘贴至顶角部位，木质线条应在基层预先钉接木质板条后，再将气排钉钉接至板条上。石膏线条粘贴后应按压牢固，不能受外力碰撞。

4）修补边缘与接缝，无论是石膏线条还是木质线条，都应及时采用同色成品腻子修补边角缝隙，不能待涂饰施工时再修补，以免其受潮变形。

小贴士

顶角线开裂原因

顶角线都是整根或整捆购买，其开裂的主要原因来自于运输与裁切，运输途中容易受到碰撞，裁切时切割机的震动也会造成开裂。石膏顶角线相对于木质顶角线更容易开裂，但是开裂对施工影响不大。石膏顶角线安装后可以采用石膏粉修补，表面再涂刷乳胶漆；木质顶角线安装后可以采用同色成品腻子修补，这些都能覆盖裂缝。

● 6.8 项目竣工备案

待装修工程竣工后就需要验收备案。竣工验收的细节很多，国家有相应的验收标准，具体验收标准也可以参考前面介绍的施工内容。下面介绍一些验收的硬指标。

6.8.1 给水排水管道

施工后管道应畅通无渗漏。新增给水管道必须加压试验检查，如采用嵌装或暗敷时，则必须检查合格后方可进入下道工序施工。排水管道应在施工前对原有管道进行检查，确认畅通后，进行临时封堵，避免杂物进入管道。管道采用螺纹连接时，其连接处应有外露螺纹，安装完毕应及时用管卡固定，管卡安装必须牢固，管材与管件或阀门之间不得有松动，金属热水管必须进行绝热处理。安装的各种阀门位置应符合设计要求，并便于使用及维修。

6.8.2 电气

每户应设分户配电箱。配电箱内应设置电源总断路器，该总断路器应具有过载短路保护、漏电保护等功能，其漏电动作电流应小于 30mA。空调电源插座、厨房电源插座、卫生间电源插座、其他电源插座及照明电源均应设计单独回路。各配电回路保护断路器均应具有过载和短路保护功能，断路时应同时断开相线及零线。电热设备不得直接安装在可燃构件上，卫生间宜选用防溅式插座。吊平顶内的电气配管应采用明管敷设，不得将配管固定在平顶的吊杆或龙骨上。灯头盒及接线盒的设置应便于检修，并加盖板。使用软管接到灯位的，其长度应小于 1m。软管两端应用专用接头与接线盒，灯具应连接牢固，严禁用木榫固定。金属软管本身应做接地保护。各种强电、弱电的导线均不得在吊平顶内出现裸露。照明灯开关不宜装在门后，相邻开关应布置匀称，安装应平整、牢固。

6.8.3 抹灰

平顶及立面应洁净、接槎平顺、线角顺直、黏结牢固，无空鼓、脱层、爆灰和裂缝等缺陷。抹灰应分层进行。当抹灰总厚度超过 25mm 时，应采取防止开裂的加强措施。不同材料基体交接处表面抹灰宜采取防止开裂的加强措施。当采用加强网时，加强网的搭接宽度应大于 100mm。检查抹灰层是否平整，可以用手电筒或灯泡从侧面照射墙面，没有明显阴影即为合格，也可以用 IC 卡对齐墙角，检查是否存在缝隙。

6.8.4　镶贴

墙砖表面色泽应基本一致，平整干净，无漏贴错贴。墙面无空鼓，缝隙均匀，周边顺直，砖面无裂纹、掉角、缺棱等现象。每面墙不宜有两列非整砖，非整砖的宽度宜大于原砖的 30%。要识别墙面是否存在空鼓，可以用小铁锤敲击瓷砖边角，通过声音识别。墙面安装镜子时，应保证其安全性，边角处应无锐口或毛刺。卫生间、厨房间与其他用房的交接面处应做好防水处理。地砖镶贴应牢固，表面平整干净，无漏贴错贴；缝隙均匀，周边顺直，砖面无裂纹、掉角、缺棱等现象，留边宽度应一致。用小锤在地面砖上轻击，应无空鼓声。厨房、卫生间应做好防水层，与地漏结合处应严密。有排水要求的地面镶贴坡度应满足排水设计要求，与地漏结合处应严密牢固。

6.8.5　木制品

柜体造型、结构和安装位置应符合设计要求。用手抚摸柜体表面应该光滑，无毛刺或锤痕。采用贴面材料时，应粘贴平整牢固，不脱胶，边角处不起翘。柜体台面而应光滑平整，柜门和抽屉应安装牢固、开关灵活，下口与底边下口位置平行，其他配件应齐全，安装应牢固、正确。墙饰板表面应光洁，木纹朝向一致，接缝紧密，棱边、棱角光滑，装饰性缝隙宽度均匀。墙饰板应安装牢固，上沿线水平，无明显偏差，阴阳角应垂直。墙饰板用于特殊场合时应做好防护处理。木地板表面应洁净，无污染、磨痕、毛刺等现象。木搁栅安装应牢固，木搁栅门板含水率应小于 16%。地板铺设应无松动，行走时无明显响声。地板与墙面之间应留 8~12mm 的伸缩缝。楼梯及其他木制品表面要光滑，线条顺直，棱角方正，不露钉帽，无刨痕、毛刺、锤痕等缺陷；安装位置正确，棱角整齐，接缝严密，与墙面贴紧，固定牢固。楼梯设置必须安全、牢固，楼梯踏步板厚度应大于 18mm。安全栏杆形式应采用竖杆，间距应小于 110mm，高度应大于 1050mm。

6.8.6 门窗

规格、开启方向及安装位置应符合设计规定，门窗安装必须牢固，横平竖直，门窗框与墙体之间的缝隙应采用弹性材料填嵌饱满，并采用密封胶密封，密封胶应黏结牢固。门窗应开关灵活，关闭严密，无倒翘。推拉门窗扇必须有防脱落措施。门窗配件齐全，安装应牢固，位置应正确，门窗表面应洁净，大面无划痕、碰伤。外门外窗应无雨水渗漏。铝合金门型材的壁厚应大于 2mm，窗型材的壁厚应大于 1.4mm。PVC 塑料门窗表面应干净、光滑，表面应无划痕、碰伤，外门窗应无雨水渗漏。当 PVC 构件长度超过规定尺寸时，内腔必须加衬增强型钢，增强则钢的壁厚应大于 1.2mm。木门窗应安装牢固，开关灵活，关闭严密，且无反弹、倒翘。表面应光洁，无刨痕、毛刺或锤痕，无脱胶和虫蛀。门窗配件应齐全，位置正确，安装牢固。

6.8.7 吊顶与隔墙

安装应牢固，表面平整，无污染、折裂、缺棱、掉角、锤痕等缺陷。饰面板应粘贴牢固，无脱层。搁置的饰面板无漏、透、翘角等现象。吊顶及分隔位置应正确，所有连接件必须拧紧、夹牢，主龙骨无明显弯曲，次龙骨连接处无明显错位。采用木质吊顶时，木龙骨等应进行防火处理，吊顶中的预埋件、钢吊筋等应进行防腐防锈处理。在嵌装灯具等物体的位置要有加固处理，吊顶的垂直固定吊杆不得采用木榫固定。吊顶应采用螺钉连接，钉帽应进行防锈处理。墙角花饰表面应洁净，图案清晰，接缝严密，无裂缝、扭曲、缺棱、掉角等缺陷，角线安装必须牢固。

小贴士

判定装修有无污染

装修的住宅放置半年后，如果还有刺鼻的异味，令人感觉眼睛不舒服，鼻塞情况严重，长期精神，食欲不振，则就说明仍有污染。特别是入住之后，每天清晨起床时，经常感到憋闷、恶心，甚至头痛目眩，经常感觉咽喉不舒服，有异物感，呼吸不畅，且经常出现皮肤过敏症状，则说明污染较重。

更严重的装修污染还会造成幼儿免疫力下降，胎儿出现畸形，尤其是宠物、鱼鸟和花草经常莫名其妙地死亡。而家人暂时离开该居住环境后，有些症状又会有明显好转。

第7章

后装修阶段的发展

对装修行业有一定了解的人都愿意投资装修业，也愿意认真经营装修业，大家都认为装修业有钱可赚、有利可图，相对于投资较大的建筑业而言，投资装修业的风险会更小，也可以认为是无风险的。我国在改革开放后，固定资产达到了前所未有的高峰，100m 以上的超高层建筑和 30000m² 以上的超大型建筑在我国大地如雨后春笋般层出不穷。据不完全统计，有近万栋超大型的建筑每年的产值都在 2000 亿元左右，为我国的装修设计师提供了机会。所以装修设计的发展前景是很明朗的。

7.1　装修设计的发展前景

经过专业训练的设计师为数不多，在中国这个设计专业起步较晚、国内设计专业不发达的市场中，室内设计人才目前远远不能满足市场需求。

7.1.1　行业需求

进入 21 世纪以来，随着城市化进程步伐加快，建筑业发展突飞猛进，成就了无穷无尽的装修企业和个人，大家都看准了这片市场，本着成就个人、服务社会的态度，使装修成为百花齐放、百家争鸣的巨大产业，业内竞争因而非常激烈。

1. 发展现状

我国的装修设计专业人才培养起步较晚，面对高速发展的行业，人才供应缺口较大。与此同时，在经济的带动下，我国房产业也呈现了良好的发展势头。在房地产业的带动下，装修设计以朝阳产业的面貌出现在人们眼前。随着时代的快速发展，装修设计的发展方向也逐渐走向国际化，在十几年后还将脱离商业化，达到艺术化和品质化。

2. 专业人员需求

目前从事室内设计师职业的人员主要是从艺术设计、平面设计等职业转行而来，大多数设计师并没有经过室内设计专业的系统教育和培训，从而导致设计水平、装修质量等多方面的问题，关于设计的投诉呈上升趋势；另外，由于市场庞大，而设计师缺乏，现有从业的优秀设计师在各个项目中疲于奔命，导致设计质量难以保证，并且缺乏创新，抄袭之风盛行，设计水平难以提高。

设计是装饰行业的龙头和灵魂，室内装饰的风格、品位决定于设计。据有关部门数据，目前我国室内设计人才缺口达到40万人，国内相关专业的大学输送的毕业生无论从数量上还是质量上都远远满足不了市场的需要。装饰设计行业已成为最具潜力的朝阳产业之一，未来 20~50 年都处于一个高速上升的阶段，具有可持续发展的潜力。

3. 原创需求

在设计业的一派繁荣中，我们不能回避，而且必须清醒地正视我国整体设计水平的不平衡以及其中暴露出的问题。从门类繁多的设计发布、各种设计竞赛及城市设施、建筑及室内环境等设计作品中可以目睹问题的严重性。绝大多数作品在设计创意、对于空间的理解和整体把握、文化内涵、美学等综合修养方面显露了设计的原创性和文化内涵的匮乏，以及表象浮躁的状态，而更多的设计作品则是经不起推敲地拼凑形式，类似的"设计"作品在社会上所见甚多。"非原创性"设计作品在设计领域及应用项目中流行或占有比例之高，已经影响和冲击了"设计"这一文化现象的崇高地位，也制约着我国社会与文化，乃至经济的发展进步。加强人才培养，推广原创设计已成为设计界人士的共识。装修设计的发展态势提醒了装修设计师，只有真正有能力的设计人员才能在这股洪流中得以生存。所以设计师提升自身的专业素质迫在眉睫，"原创设计"更需要重视。

7.1.2 残酷的竞争关系

1. 商业竞争

当今社会的竞争十分激烈，装修行业也不例外。北上广深是无数热血青年向往的城市。深圳被喻为中国的"设计之都"，这些年深圳在创意设计环境的营造和改善方面取得了一定的成绩，也涌现出了一批在国内外具有一定影响力的设计师。但对于深圳设计师而言，受限于根深蒂固的设计旧生态，往往难以一展抱负。

不少设计师工作几年之后，会选择自主创业，创立不同类型的设计公司。大多数公司规模很小，人数最多时一般不超过10 人，市场竞争压力巨大，日常运作很艰辛。就小型设计公司而言，要想获得发展，最根本的就是需要有公平的平台和创业环境。而现在最大的问题是，小型公司受很多限制，很难拿到大项目，大型公装客户要求设计公司必须有资质、有规模、有业绩等诸多条件，在这种情况下，小型公司连入门的机会都没有。深圳的设计生态和深圳属于经济特区的地缘政治密不可分，一切从经济利益出发、向效率看齐的风气造就了很多民营巨无霸企业，特别是在市场不景气和萎靡的情况下，本身他们就吃不饱，留给小公司生存的空间就更加有限了。

2. 行业内部竞争

除了在大项目上受限，行业内部的低价竞争也是残酷的事实。装修行业的设计费在我国行业规范中没有明确指导价位，完全是议价制。我国的 CPI（居民消费价格指数）每年都在上涨，但设计费却 10 年没有变化。很多大型装修公司会以免费或特别低的价格承揽装修工程，这很容易就变成恶性循环，让只从事设计业务的公司没有任何业务来源。本来一家公司一年做 3~4 个项目就可以过得很好了，但是非得做 10 个或更多的项目才能保持收支均衡，那设计出来的东西就会大打折扣。好的设计必须要投入时间和精力，那么费用自然就高；价格低、产出快，但品质差，一年到头忙忙碌碌，却没有任何进步，这只会让这个行业陷入越来越低迷的境地。

➲ 7.2 找准自己的发展方向

房子越来越多，装修设计人员也随之增多。然而，面对严峻的就业形势与激烈的竞争环境，很多刚入职的设计师一看到这种情况就会心里没底，感到前途渺茫。其实这时最需要的就是稳住心态，一定要相信自我，不甘落后，肯定自己的实力。同时，要了解该行业的发展史并理性看待复杂的就业环境，审慎客观地进行自我分析，找准自己的定位。老话说"树挪死，人挪活"，所以方向比努力更重要。

7.2.1 装修设计行业的发展史

任何一种设计风格都是当时社会、政治、经济、文化的反映。设计是连接精神文明与物质文明的桥梁，人类希望以设计来改善环境，提高生活质量和居住空间的舒适度。

1. 国内装修设计发展史

最早出现光洁平整的石灰质地面是在原始氏族社会的居室里。在新石器时代的居室遗址里，还留有修饰精细、坚硬美观的红色烧土地面。在原始人穴居的洞窟里，壁面上还绘有兽形和围猎的图形。

商朝的宫室里面以朱彩木料、雕饰白石、云雷纹的铜盘作为装饰。直至秦时的阿房宫和西汉的未央宫，虽然宫室建筑已荡然无存，但通过文献的记载，以及出土的瓦当、器皿等实物的制作，墓室石刻精美的窗棂、栏杆的装饰纹样来看，当时的室内装饰已经相当精细和华丽了。

春秋时期思想家老子在《道德经》中提出："凿户牖以为室，当其无，有室之用。故有之以为利，无之以为用。"这生动形象地论述了"有"与"无"、围护与空间的辩证关系，也说明了室内空间的围合、组织和利用是建筑室内设计的核心问题。

清代名人李渔在其专著《一家言居室器玩部》的居室篇中写道："盖居室之前，贵精不贵丽，贵新奇大雅，不贵纤巧烂漫""窗棂以明透为先，栏杆以玲珑为主，然此皆属第二义，其首重者，止在一字之坚，坚而后论工拙"，对室内装修的要领和做法有极为深刻的见解。

我国各地的民居，如北京的四合院、四川的山地住宅、云南的"一颗印"、傣族的干阑式住宅以及上海的里弄建筑等，在体现地域文化的建筑形体和室内空间组织、在建筑装饰的设计与制作等许多方面，都有可以借鉴的地方。

2. 国外装修设计发展史

在古埃及贵族宅邸的遗址中，抹灰墙上绘有彩色竖直条纹，地上铺有草编织物，还配有各类家具和生活用品。古埃及卡纳克的阿蒙神庙，庙前雕塑及庙内石柱的装饰纹样均极为精美，神庙大柱厅内还有硕大的石柱群和极为压抑的厅内空间。古希腊和古罗马在建筑艺术和室内装饰方面已发展到了很高的水平。古希腊雅典卫城帕提隆神庙的柱廊，起着室内外空间过渡的作用，精心推敲的尺度、比例和石材性能的合理运用，形成了梁、柱、枋的构成体系和具有个性的各类柱式。古罗马庞贝城的遗址中，从贵族宅邸室内墙面的壁饰，铺地的大理石地面，以及家具、灯饰等加工制作的精细程度来看，当时的室内装饰已相当成熟。罗马万神庙室内高旷的、具有公众聚会特征的拱形空间，是当今公共建筑内中庭设置最早的原型。

欧洲中世纪和文艺复兴时期，哥特式、古典式、巴洛克和洛可可等风格日趋成熟，历代优美的装饰风格和手法，至今仍是我们创作时可以借鉴的源泉。1919 年在德国创建的鲍豪斯学派推进了现代工艺技术和新型材料的运用，格罗皮乌斯曾提出："我们正处在一个生活大变动的时期。旧社会在机器的冲击之下破碎了，新社会正在形成之中。在我们的设计工作里，重要的是不断地发展，随着生活的变化而改变表现方式。"20 世纪 20 年代格罗皮乌斯设计的鲍豪斯校舍和密斯·凡·德·罗设计的巴塞罗那展览馆都是上述新观念的典型实例。

7.2.2　了解行业现状

我国的装饰设计还处于起步阶段，是一个入行门槛比较低的行业，装修公司招聘看重能力重于学历。另外，装修设计师发展空间很大，随着人们生活水平的提高，大家对居住环境也有了更高的要求，舒适感是首要追求。但是这个行业的发展对设计师来说到底怎样呢？让我们来看一下。

1. 设计师的工资

设计师在很多人眼中是个比较高深的职业。在装修行业中，设计师的工资一直是大家关注的热点。根据各大装修网站不完全统计，2015 年，我国装修行业设计师平均工资为 5500 元 / 月，这在省会级城市中属于中等水平的工资，并不算多，所以靠领工资生活的设计师也是普通打工的劳动者一员。在经济发达地区，沿海区域及省会城市，设计师的收入均在 8000 元 / 月以上，北上广深四大城市基本上能超过 10000 元 / 月。而内陆地区的省会城市、普通二三线城市，平均工资为 3500 元 / 月左右，这和其他行业并无太大区别。

2. 欠费现象严重

相比设计费低，最郁闷的莫过于辛苦工作之后却收不回钱，这成了设计师难以言说的痛。有些装修消费者从头到尾就是来骗图样的，只支付很少的定金，拿走图样后说不满意，费用也就不给了，但是装修还是在按图样施工。对于家装还好，就是几张图样，白忙一天算了，如果是大型公装设计，就算是签了合同也无济于事。遇到这种纠纷，装修公司一般不会走法律渠道，因为需要花费大量人力、物力，有这时间还不如多做一个项目把损失补回来。

7.2.3　把握机会成长

装修公司其实是设计师的成长平台，存在有各种提高收入的机会，就看设计师怎样去把握了，但是终归都是自己的劳动所得。虽然设计师的收入随着年龄的增长呈上升趋势，但多数设计师的创作能力却呈现出抛物线的状态：创作能力一开始逐步提高，8 年左右的行业背景是创作的最强时期，进入管理岗位之后就会逐步下降。

一直以来，装修公司的管理者都会用一些举措来限制设计师和项目经理的沟通。尤其是公装项目，装修期间会加入客服专员、质检员、材料员来协同工作，避免设计师单独驻工地设计，或避免设计师获得装修消费者的联系方式。但是在以家装为主的装修公司，大多设计师都与消费者建立了一对一的服务方式，执行装修全程。装修公司的管理者会以承包的形式将项目转给项目经理，这样就在一定程度上杜绝了设计师的灰色收入。

能独立操控装修的设计师是成熟的且令人尊重的，因为他已经进入了灰色时代。他开始走出办公室第一次去关注人、关注自然，开始不完全依赖材料市场而是面向生活去寻找材料，他意识到应该注重自己的经验积累，戏剧化的人生概念使他为此振奋。他的作品变得更稳定、更严谨，也更平淡，同时也具备了精神张力。他征服客户的方式不是眼花缭乱的形式手段，而是心灵。

另外就是学生一族。现在网络信息发达，不少设计专业的学生通过网络承接到装修设计项目，虽然以家装设计为主，但是这些项目短、平、快，符合在校学生的实际情况。老师也愿意为学生提供帮助，这种真实作业能快速提高学生的专业水平，比在课堂上讨论虚拟的课题要强很多。

不少老师都有自己的工作室、公司，他们将自己承接的项目转化为作业，融入课程中，分配给学生去完成，能起到超乎想象的效果。学生精力充沛，能快速收集各类资料，快速搭建团队，在老师的指导下绘图，工作效率是一般设计企业的两倍以上。如果客户认为设计方案不满意，学生设计师能在最短的时间内拿出更多方案供选择。他们的设计成果既是作业，又是产品，无论结果如何，他们都能欣然接受，丝毫不会降低设计绘图的热情，毕竟设计图样也能当成作业来交。学生自身设计素养的锻炼与养成是至关重要的。

➲ 7.3 不断学习，提升能力

装修设计行业是个需要不断完善和创新的行业，设计师需要与它共同成长。最近几年，设计行业日趋火热化，不断涌现出一大批设计师。如果设计师不学习、不进步、不创新，就只能被后起新秀取而代之了。当然，或许大家都知道要不断学习、不断提升自我，但是又应该如何学习并提高自己呢？

其实没有人生下来就是天才，爱迪生说过，天才就是 1% 的灵感加上 99% 的汗水，不过在如今这个互联网时代，应该是"天才 = 3% 的功底 + 97% 的不被互联网分散的注意力"。当然，兴趣是最好的老师。设计师应当感兴趣并且热爱设计，才会走得长远。不过要把设计做好，还是要具备相应的知识和能力，如有不足的话，就要想办法提升自己，弥补自己的不足。

其实，目前在这个行业奋斗的很多设计师并非是科班出身，甚至没有美术基础，但依然战斗在第一线，只是时间久了还是会厌倦的。如果一位设计师正处在这个阶段，就应当好好审视一下自己，缺什么补什么。装修设计有很多方面，家装设计比较单一，全部按程式来布置，需要创意的地方并不多。当家装设计做得比较成熟后，再来做展厅设计或现场舞台设计就会觉得很茫然。但是设计都是相通的，没有谁天生就会，要做设计的有心人，无论年龄大小、阅历深浅、能力高低，都需要不断地学习。

首先，最简单的学习方法就是搜集资料，例如要设计一家中式快餐厅，应当上网查阅和收集各种图片，到当地的中式快餐厅去看看，拍摄一些照片，关注细节的处理，回来后再仔细分析，那么这个项目就学习了一半。然后开始咨询，向领导、客户询问设计要求和细节，与同事商量设计创意，确定设计方向，不断给自己提出设计疑问，不断去获取问题的答案，这种学习是收集资料的有益补充。最后，分析方案，针对确切的方案设计，有目的地查阅工具书和资料，逐个解决方案设计中的技术难题。经过这三个步骤的学习后，一位只会做家装的设计师再次面对中式快餐厅就不会陌生了，至少不会再畏首畏尾了。

模仿是最好的学习方法。模仿的重要性不在于结果，而在于过程，设计师需要在模仿的过程中，不断地思考、尝试、总结，以此来培养自己的设计感觉，同时学习其中的技术技巧。而在模仿的后期，要善于改进，这样会融入更多自身的元素，形成自己的设计风格，而不是一味地照葫芦画瓢。

设计师的审美能力也要提高，设计师一定要"眼高手低"，对美的要求一定要高于自己的动手能力，才会不断想办法提升自己手上的功夫，实现眼中的"高"。同时，要学会发现和提炼"美"，人人都会感知美、欣赏美。而设计师不仅要对美的感知更敏锐，还需会提炼"美"，将美通过设计表达出来，这就还需要设计师学习更多的文化艺术知识，接受更多的美感熏陶，在不断的学习和实践中提升自己对"美"的把握。

另外，设计师还需要学习与人沟通的技巧、学会与他人合作等。一名优秀的设计师应善于与他人合作，把自己的才华贡献于整个群体和企业发展之中。设计是为了更好地把企业产品推向消费大众，使人们能够更快更准确地接受。设计师在设计过程中，要有自己的观点和取向，因此要经常把自己摆在一个普通人的角度上看设计，创意再好，表现手法再不同一般，若不被人们理解也就失去了作为设计的本质意义。设计师要懂得企业产品开发与品牌市场的定位。

总之，设计是一门综合的学科，涉及营销、心理等多方面的知识。设计师需要不断学习提升自己的能力，通过学习，再到创新，返回再学习、再创新。对一个新的设计项目反复多次，设计师就能在这个项目上做到厚积薄发，就能从容应对各种类似的项目了。

7.4 装修设计师不再困扰

随着社会的急速发展，网络的普及运用，全装修房的兴起，70后、60后对设计的理解已经很难了，80后、90后迅速成长，中低端设计市场将逐渐被淡化，而高端设计市场将占

据市场主导地位。所以，设计师要想生存，就必须提升自身的
设计水准，提高业务水平，开阔眼界。中低端设计将逐步不被
市场认可。当设计成为一种普及的时候，设计师将很难对中低
端设计进行收费。

那么设计从业者如何解决当前的问题呢？很多从业者在
没有明显驾驭本行业的情况下，都各自面临困扰。画施工图的
厌倦了整天绣花式的画图；画效果图的厌倦了一次次的熬夜修
改；刚升为设计师的厌倦了行业的不稳定性，缺少从业经验，
和成熟的设计师距离比较远；做到五年以上的，还是要在自身
条件成熟的情况下再看看运气，有些设计师选择了横向发展，
如选择做材料；做到八年以上的，厌倦了公司每个季度的排
名，业绩不佳的情况下还要面临淘汰。当然，最终能剩下的坚
持十年以上的都是些精英。

处在各个阶段的人员在迷茫困惑的时候应停下来，思考
一下、总结一下、认识一下自身的处境，以及自己所期望的和
将来所能够达到的高度。据我所知，有一直做施工图做得不
亦乐乎的，待遇也不会低到哪里去；有画效果图画得非常努
力的，甚至比普通的设计师收入还要高……主要是看你自己想
要得到什么，并且在这个领域中做的是否开心，是否得到了自
己想要的。另外应合理对自己进行定位和审视，本行业的高度
永无休止，我们大多数人不指望成为什么大家或名家，我们只
是希望自己能过得好一点，所以一定要根据自身的能力和潜在
的能力，并结合行业的现状，给自己设立合理的目标，这点很
重要，不要一味追求无法逾越的高度。助理设计师比不上设计
师，设计师比不上资深设计师，资深设计师比不上首席设计

师……人外有人，天外有天，所以没法一直比较下去，这样只会让自己感觉更累。

我们已经过了理想的年龄，所以在自己所处的阶段，分析自己究竟能达到何种高度，在一定的有限的范围内去努力实现自己的目标和自身的价值，这样才不会郁郁寡欢，才会走得更加坦然。红鳉鱼永远是红鳉鱼，再怎么努力也成为不了金鱼，但也没有关系，采取行动，成为一条优秀的红鳉鱼就好了。认清现实并结合自身现状，然后采取行动才能走得更远。

目前，市场现状既是挑战也是机遇，优秀的设计师能在挑战中幸存，在机遇下生存。当然，设计师也不可能面面俱到。优秀聪明的设计师应理解客户要求，迅速且高质量地提出创意是最重要的能力。所以在设计管理中，核心就是设计师，这一点就说明了设计师的重要地位。

装修市场规模越来越大，装饰公司的局限性和公司对设计师的态度使得很多设计师开始独立创业。一般的设计师在装饰公司待久了以后，就没有新的内容可补充了，而设计是一个不断创新的工作，公司只重业绩并且具有一定的局限性，这给设计师带来了很大的压力。设计师有自己的梦想，干了这么多年也积累了一定的人脉资源，希望通过自己的技能，一边做自己喜欢的设计，一边能过上好日子，而不像在装饰公司那样做设计受到限制。大多数人会选择开设一个小型的工作室，不局限于装修设计，不局限于每个月固定的工资收入，成功创业将带来更多的财富回报。

另外，设计专业的学生大多与众不同，他们拥有更高的人生目标，对生活环境与生活品质有着特殊的要求，但是要达到这样的标准，需要付出比其他专业的学生更多的努力。这个专业能提供更多的实践机会让他们充实自己，在装修这一行业可以课内兼职，不出学校、不出教室就能做设计图样，而且还能和老师一同商量创意方案。

有的学生一早就走上社会，开设自己的公司承接业务。学生开设的设计公司承接的大多是自己得心应手的活，比如绘制效果图、施工图等，这也是学生在实习期间接触最多的工作。学生的价格相对市场上较低，但是图样质量却不含糊，因为会有老师做技术指导，这个强有力的支撑可以使他们将创业重心放到市场营销上。除了开办设计公司外，还可开办培训机构，对低年级的同学进行课外培训，主要培训内容是设计软件操作、手绘效果图、专业考研究生辅导、设计师资格认证考试等，既丰富了大学学习内容，又补充了课堂知识。一般是已经毕业的设计师或高年级的学长来教学，培训收费较低，以学长的身份来授课是对参加培训学生最好的鼓舞。自主创业的举措也能培养学生的成长意识，让学生尽快与社会接轨，起到带头作用，提高就业率。所以无论是在校就读的学生，还是已经毕业走上工作岗位的设计师，他们的工作经验与社会经验都要高于同龄人。

参考文献

[1] 格里芬. 设计准则：成为自己的室内设计师[M].张加楠，译.济南：山东画报出版社，2011.

[2] 《室内设计师》编委会.室内设计师[M].北京：中国建筑工业出版社，2010.

[3] 高钰.室内设计风格图文速查[M].北京:机械工业出版社，2010.

[4] 王东.室内设计师职业技能实训手册[M]. 北京：人民邮电出版社，2015.

[5] 张洋.装饰装修材料[M].北京：中国建材工业出版社，2006.

[6] 王军，马军辉.建筑装饰施工技术[M].北京：北京大学出版社，2009.

[7] 张书鸿.怎样看懂室内装饰施工图[M].北京：机械工业出版社，2005.

[8] 李学泉，付丽文.建筑装饰施工组织与管理[M].北京：科学出版社，2008.

[9] 陈祖建.室内装饰工程预算[M].北京：北京大学出版社，2008.

[10] 北京《瑞丽》杂志社.基础家居配色[M].北京:中国轻工业出版社，2007.

[11] 郑曙旸.室内设计师培训教材[M].北京：中国建筑工业出版社，2009.